Java Web 应用
（项目教学版）

李希勇　罗晓娟 ◎ 主编

清华大学出版社
北京

内容简介

本书以全新的视角和规范的开发流程,通过一个真实 Java Web 项目的完整开发进行详细讲解,按照一条清晰的软件项目开发主线,将讲解内容项目化、系统化,以完整、真实的 Java Web 项目为载体,循序渐进地讲述实际项目开发流程,通过项目需求分析、系统设计、编码实现、系统测试与系统部署等环节,讲解 Java Web 开发技术。本书充分体现以学生发展为中心、以能力培养为核心的应用型人才培养特点,强调实践开发技能的提升和训练,可用于应用型高校软件工程专业教学和软件从业人员自学参考。

本书封面贴有清华大学出版社防伪标签,无标签者不得销售。
版权所有,侵权必究。举报: 010-62782989, beiqinquan@tup.tsinghua.edu.cn。

图书在版编目(CIP)数据

Java Web 应用:项目教学版/李希勇,罗晓娟主编. —北京:清华大学出版社,2020.10
ISBN 978-7-302-56510-9

Ⅰ. ①J… Ⅱ. ①李… ②罗… Ⅲ. ①JAVA 语言—程序设计 Ⅳ. ①TP312.8

中国版本图书馆 CIP 数据核字(2020)第 182546 号

责任编辑:贾 斌
封面设计:刘 键
责任校对:胡伟民
责任印制:吴佳雯

出版发行:清华大学出版社
    网　　址: http://www.tup.com.cn, http://www.wqbook.com
    地　　址: 北京清华大学学研大厦 A 座 邮　编: 100084
    社 总 机: 010-62770175 邮　购: 010-83470235
    投稿与读者服务: 010-62776969, c-service@tup.tsinghua.edu.cn
    质量反馈: 010-62772015, zhiliang@tup.tsinghua.edu.cn
    课件下载: http://www.tup.com.cn, 010-83470236
印 装 者:北京鑫海金澳胶印有限公司
经　　销:全国新华书店
开　　本:185mm×260mm 印 张:15 字　数:375 千字
版　　次:2020 年 12 月第 1 版 印　次:2020 年 12 月第 1 次印刷
印　　数:1~1500
定　　价:49.00 元

产品编号:081335-01

本书编委会

主　　任：史焕平

副主任：郭　伟

委　　员：（按姓氏笔画排序）

文正再　史小力　朱红英　苏　啸　李良松

肖文福　邱仁根　何根基　陈　锋　陈　林

易志文　易淑梅　欧阳咏梅　周锦春　贺晓梅

FOREWORD

当前 Web 应用已经成为各行各业核心业务逻辑处理的主流方式。在 Java 技术领域，Java Web 开发空前活跃，许多 IT 行业从业人员都在积极地学习有关 Java Web 的开发技术。市面和网络上也有许多非常好的学习资料，适合各个层次的学习者，然而面对众多学习渠道和资料，学习者特别是初学者往往不知所措，不知如何学习，对在实战中学习和应用这些技术更是无从下手。

本书作者在多年的教学过程中，总结 Web 应用开发实践、教学实施经验和课程改革体会，针对学生听课的时候可以听懂，学完之后却不知道怎么去应用，要自己编写一个 Java Web 应用还是有困难的实际情况，通过一个完整的 Java Web 项目循序渐进地讲解开发技术和知识，培养学生项目开发能力和全局思维，避免将各技术模块知识割裂，通过项目驱动的方式分享技术学习，让学生真正做到学以致用。

本书特点：

- 应用驱动而不是知识点驱动

本书以一个项目的完整开发为目标，围绕如何解决项目开发中的问题进行知识点讲解，即完成项目相关功能需要什么知识点，就讲解什么知识点，同时为了使学生能够全面掌握知识，我们在每一部分列出了知识点相关内容。

- 提供完整的项目而不是不相关的例子

本书的所有内容都围绕一个项目进行，每一章节都是针对项目的一个功能实现进行讲解，并逐步整合，这样当课程结束之后，学生就可以完成一个完整的项目。

- 不仅教学生如何实现，并且教学生如何设计

在项目讲解过程中，不仅教学生如何编写程序，更重要的是教学生如何进行设计，这样学生就可以触类旁通了。

本书共分 11 章，详细介绍了 JSP、Struts2、Spring、Hibernate 等 Java Web 应用开发技术，其中第 1~7 章由李希勇编写，第 8~11 章由罗晓娟编写。第 1 章进行了本书讲解开发项目的概述及 Java Web 开发环境的简介，第 2 章讲解了 Web 前端的相关基础知识，第 3 章讲解 JSP 基础语法，第 4 章介绍 JSP 常用内置对象，第 5 章介绍了 Servlet 技术，第 6 章讲解了 EL 与 JSTL，第 7 章讲解了 JDBC、Java 的数据库连接及增删改查操作，第 8 章介绍了 MVC 设计模式及整合了基于 JSP 技术的完整项目，第 9 章介绍了 Struts2 的基础知识、工作原理、运行流程、Action 和 Result 配置，第 10 章讲述 Hibernate 框架的概念、安装和使

用、关联映射、Struts2 与 Hibernate 的整合,第 11 章讲解了 Spring 的基本应用以及整合 Struts2 和 Hibernate 的方法,并最终基于注解整合了本书讲解开发的 Java Web 项目。

本书通过一个完整的项目开发过程进行讲解,内容囊括了 Java Web 项目的主要技术和重要知识点,注重如何在实际工作中活用技术,做到规范高质量的程序开发。本书的实用性较强,以软件工程规范为基础,以实践能力训练为导向,以应用型人才培养为目标,深入浅出地讲解 Java Web 开发的技术和知识。

本书由李希勇、罗晓娟主编,参与校稿和程序调试的还有吴为胜、孙毅、张斌、翁梦倩等,在出版过程也得到了清华大学出版社的大力支持,在此,一并向他们表示衷心的感谢!

在本书的编写过程中,尽管作者力求精益求精,但由于时间仓促,加之水平有限,书中难免有疏漏和不足,敬请读者和同行批评指正。

编　者

2020.8

CONTENTS 目录

第1章 项目概述及 Java Web 开发环境简介 ... 1
1.1 项目概述 ... 1
1.1.1 项目需求分析 ... 1
1.1.2 网站原型页面 ... 2
1.1.3 项目概要设计 ... 5
1.2 Java Web 的开发环境 ... 5
1.2.1 JDK 安装配置 ... 5
1.2.2 Tomcat 服务器的搭建 ... 9
1.2.3 使用 Eclipse for JavaEE 建立一个 Java Web 项目 ... 11
1.2.4 测试 JSP 程序 ... 15
1.3 本章小结 ... 16

第2章 Web 前端开发基础 ... 17
2.1 什么是 Web 前端开发 ... 17
2.2 前端代码的结构组织和文件的命名 ... 18
2.2.1 代码文件组织结构 ... 18
2.2.2 代码文件的命名 ... 18
2.3 Web 前端开发范畴 ... 19
2.3.1 页面标记 ... 19
2.3.2 页面样式 ... 19
2.3.3 前端编程 ... 19
2.3.4 前端框架 ... 19
2.3.5 调试工具 ... 20
2.4 HTML ... 20
2.4.1 文档结构 ... 20
2.4.2 标签 ... 20
2.5 CSS ... 23
2.5.1 引入方式 ... 23

  2.5.2 语法规则 ·········· 23
  2.5.3 选择器 ·········· 24
  2.5.4 单位 ·········· 24
  2.5.5 颜色值 ·········· 25
  2.5.6 字体 ·········· 26
  2.5.7 文本 ·········· 27
  2.5.8 列表 ·········· 28
  2.5.9 背景 ·········· 28
  2.5.10 透明度 ·········· 29
2.6 JavaScript 脚本语言 ·········· 29
  2.6.1 JavaScript 简介 ·········· 29
  2.6.2 JavaScript 基本语法 ·········· 30
  2.6.3 JavaScript 函数 ·········· 31
2.7 jQuery ·········· 32
  2.7.1 什么是 jQuery ·········· 32
  2.7.2 jQuery 案例操作 ·········· 34
2.8 非物质文化遗产研究中心网站前端页面设计 ·········· 39
2.9 本章小结 ·········· 41

第 3 章 JSP 基础语法 ·········· 42

3.1 JSP 基础知识 ·········· 42
  3.1.1 什么是 JSP ·········· 42
  3.1.2 JSP 页面 ·········· 42
  3.1.3 JSP 的运行原理 ·········· 43
3.2 JSP 基本结构 ·········· 44
  3.2.1 变量和方法的声明 ·········· 45
  3.2.2 Java 程序片段 ·········· 47
  3.2.3 表达式 ·········· 48
  3.2.4 JSP 注释 ·········· 49
3.3 page 指令 ·········· 50
  3.3.1 设置页面编码 ·········· 51
  3.3.2 错误页的设置 ·········· 52
3.4 包含指令 ·········· 54
  3.4.1 静态包含指令 ·········· 54
  3.4.2 动态包含指令 ·········· 55
3.5 跳转指令 ·········· 56
3.6 本章小结 ·········· 57

第 4 章 JSP 常用内置对象 ... 59

4.1 JSP 内置对象及作用域概述 ... 59
4.1.1 JSP 内置对象 ... 59
4.1.2 JSP 的作用域 ... 60

4.2 request 对象 ... 61
4.2.1 获取客户提交的信息 ... 61
4.2.2 处理汉字信息 ... 62
4.2.3 常用方法举例 ... 64
4.2.4 用户登录 ... 66

4.3 response 对象 ... 67
4.3.1 动态响应 contentType 属性 ... 68
4.3.2 response 的 HTTP 文件头 ... 69
4.3.3 response 重定向 ... 70

4.4 session 对象 ... 71
4.4.1 session 对象的 ID ... 71
4.4.2 session 对象与 URL 重写 ... 71
4.4.3 session 对象常用的方法 ... 72
4.4.4 登录及注销 ... 73

4.5 application 对象 ... 76
4.5.1 application 对象的常用方法 ... 76
4.5.2 用 application 对象制作信息发送板 ... 76

4.6 out 对象 ... 78

4.7 本章小结 ... 79

第 5 章 Servlet 技术 ... 80

5.1 Servlet 简介 ... 80
5.1.1 JSP 与 Servlet 的关系 ... 80
5.1.2 Servlet 工作体系结构及生命周期 ... 81

5.2 Servlet 的操作实例 ... 82
5.2.1 使用 Servlet 获取用户提交信息 ... 82
5.2.2 使用 Servlet 实现页面转发和重定向 ... 85

5.3 过滤器 ... 88
5.3.1 一个字符过滤器的实现 ... 89
5.3.2 过滤器链的实现 ... 93

5.4 监听器 ... 93
5.4.1 实现 Servlet 监听器开发与部署方法 ... 93
5.4.2 实现 ServletContext 监听器 ... 93

5.5 本章小结 ... 95

第 6 章　EL 与 JSTL …… 96

6.1　表达式语言简介 …… 96
6.2　表达式语言的内置对象 …… 97
　　6.2.1　访问 4 种属性范围的内容 …… 98
　　6.2.2　调用内置对象操作 …… 99
　　6.2.3　接收请求参数 …… 100
6.3　集合操作 …… 101
6.4　应用 EL 表达式语言 …… 103
6.5　EL 运算符 …… 104
6.6　JSTL 简介及安装 …… 108
6.7　核心标签库及常用标签使用 …… 108
　　6.7.1　流程控制标签 …… 109
　　6.7.2　循环标签 …… 112
6.8　本章小结 …… 114

第 7 章　JDBC …… 115

7.1　JDBC 概述 …… 115
　　7.1.1　JDBC 的执行原理 …… 115
　　7.1.2　JDBC 核心类 …… 116
7.2　JDBC 入门案例 …… 116
　　7.2.1　准备数据 …… 116
　　7.2.2　导入驱动 jar 包 …… 117
　　7.2.3　开发步骤 …… 117
　　7.2.4　案例实现 …… 118
　　7.2.5　预处理语句对象 …… 118
7.3　添加信息类别 …… 119
7.4　JDBC 实现增删改查 …… 124
　　7.4.1　创建新闻实体类 …… 124
　　7.4.2　创建 JDBC 工具类 …… 125
　　7.4.3　创建数据库操作类 …… 125
　　7.4.4　创建新闻管理 Servlet …… 128
　　7.4.5　配置 web.xml …… 131
　　7.4.6　显示页面 …… 132
7.5　本章小结 …… 134

第 8 章　MVC 模式及项目整合 …… 135

8.1　MVC 设计模式 …… 135
　　8.1.1　理解 MVC 设计模式 …… 135

  8.1.2 Model 1 介绍 ·················· 135
  8.1.3 基于 MVC 设计模式的 Model 2 ·················· 136
  8.1.4 MVC 设计模式的优势 ·················· 136
 8.2 深入 MVC ·················· 137
  8.2.1 MVC 处理过程 ·················· 137
  8.2.2 MVC 的适用范围 ·················· 138
 8.3 JSP 项目整合 ·················· 138
  8.3.1 系统模块构成 ·················· 138
  8.3.2 数据库的设计 ·················· 139
  8.3.3 Model 层代码实现 ·················· 140
  8.3.4 Control 层 ·················· 141
  8.3.5 View 层 ·················· 163
 8.4 本章小结 ·················· 163

第 9 章 Struts2 ·················· 164

 9.1 Struts2 的概述 ·················· 164
  9.1.1 什么是 Struts2 ·················· 164
  9.1.2 Struts2 入门 ·················· 164
  9.1.3 Struts2 的执行流程 ·················· 168
 9.2 Struts2 的常见配置 ·················· 168
  9.2.1 常量配置 ·················· 168
  9.2.2 package 的配置 ·················· 168
  9.2.3 Action 配置 ·················· 169
  9.2.4 Result 配置 ·················· 169
 9.3 Struts2 的 Action 实现 ·················· 170
  9.3.1 POJO 的实现 ·················· 170
  9.3.2 继承 ActionSupport 类 ·················· 170
 9.4 Struts2 的数据的封装 ·················· 171
  9.4.1 属性驱动 ·················· 171
  9.4.2 模型驱动 ·················· 173
 9.5 本章小结 ·················· 174

第 10 章 Hibernate ·················· 175

 10.1 Hibernate 概述 ·················· 175
  10.1.1 什么是 Hibernate ·················· 175
  10.1.2 Hibernate 的优点 ·················· 175
 10.2 Hibernate 入门 ·················· 176
  10.2.1 下载 Hibernate ·················· 176
  10.2.2 入门案例 ·················· 177

        10.2.3 执行流程 …………………………………………………………… 181
        10.2.4 使用 c3p0 数据库连接池 ………………………………………… 183
    10.3 使用 Hibernate 实现增、删、改、查 …………………………………… 184
    10.4 本章小结 ………………………………………………………………… 190

第 11 章 Spring ………………………………………………………………………… 191
    11.1 Spring 入门 ……………………………………………………………… 191
        11.1.1 Spring 下载和安装 …………………………………………………… 191
        11.1.2 入门案例 …………………………………………………………… 192
    11.2 Spring 核心机制——依赖注入 …………………………………………… 195
        11.2.1 理解依赖注入 ……………………………………………………… 195
        11.2.2 设值注入 …………………………………………………………… 195
        11.2.3 构造注入 …………………………………………………………… 197
    11.3 Spring 整合 Struts2 和 Hibernate ………………………………………… 198
    11.4 项目整合 ………………………………………………………………… 204
        11.4.1 类别管理模块 ……………………………………………………… 204
        11.4.2 新闻管理模块 ……………………………………………………… 209
        11.4.3 用户管理模块 ……………………………………………………… 222
    11.5 本章小结 ………………………………………………………………… 225

参考文献 ………………………………………………………………………………… 226

第 1 章

项目概述及Java Web开发环境简介

本章目标：
- 了解项目的概要情况
- 熟练掌握Java Web开发环境的搭建

扫一扫查看
本章资源

1.1 项目概述

1.1.1 项目需求分析

本书以开发一个完整的新闻资讯平台网站进行讲解，项目囊括了Java Web开发技术中的许多细节，从Java Web开发环境的配置、JSP技术、Servlet技术、MySQL数据库技术、EL和JSTL、MVC设计模式到SSH框架技术，完整讲述了Java Web项目的开发全过程，帮助读者从零开始进行Java Web开发技术的学习和熟悉。

作为非物质文化遗产研究中心的官方资讯平台，网站旨在整合非物质文化研究中心的学术资源，介绍非遗的相关知识，报道非遗中心的学术资讯，发布相关非遗研究成果，交流非遗前沿研究工作经验等。

通过相关调研，平台网站具有以下功能：
(1) 发布相关资讯，为普通用户了解和认识非物质文化搭建网络平台；
(2) 提供查询服务，为非遗研究人员和非遗爱好者提供查阅查询服务；
(3) 管理信息类别，通过后台进行信息类别管理；
(4) 管理各类信息，在后台可以管理全部类别信息，包括各栏目版块信息、首页推荐、友情链接等。

1.1.2 网站原型页面

本平台网站涉及页面很多,但前端主要页面只有三个:网站首页,见图1.1;列表页面,见图1.2;内容页面,见图1.3。

图1.1 网站首页

图 1.2 列表页面

图 1.3 内容页面

1.1.3 项目概要设计

非物质文化遗产研究中心网站结构如图 1.4 所示。

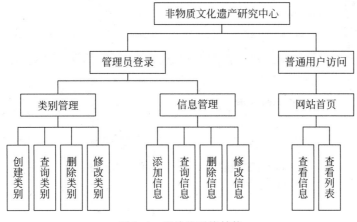

图 1.4 网站的系统结构

1.2 Java Web 的开发环境

下面重点介绍 Java Web 的运行和开发环境。

基于 Java Web 项目的运行,在服务器端和客户端都必须有相应的环境。服务器端必须安装 Java 虚拟机以及和 Servlet 兼容的 Web 服务器,客户端则只要有 Web 浏览器就可以。现在主流的 Web 服务器有多种:Apache 的 Tomcat、Bea 的 WebLogic 等,其中 Tomcat 是一种开源的项目,是学习者的很好选择。本章将以 Tomcat 为例,讲述它的基本安装和配置。

要进行可视化的 Java Web 项目开发,则需要借助 Java 集成开发环境(IDE),如 Eclipse 或 MyEclipse。其中 MyEclipse 扩展了 Eclipse 的功能,集成了 Web 服务、程序框架和数据库等各种插件,但因为 MyEclipse 不是开源软件,所以本书使用 Eclipse for JavaEE 作为集成开发环境。数据库系统选择方面,Java Web 项目开发一般选择开源的 Oracle 或 MySQL,本书使用数据库的案例中一般采用开源的 MySQL。

1.2.1 JDK 安装配置

JDK 目前最新的版本是 JDK8,我们可以到官网上下载,下载后按照向导进行安装即可。安装好 JDK 后,会自动安装 JRE,这样 JDK 的安装即完成,下面演示 JDK8 的下载安装配置过程。

(1) 登录甲骨文公司的官方网站。

打开浏览器,访问 http://www.oracle.com/technetwork/java/javase/downloads/index.html,显示 JDK8 下载页面,如图 1.5 所示,根据你的操作系统下载相应的 JDK 的安装包,如图 1.6 所示。

(2) 双击 JDK 安装包,会出现如图 1.7 所示的安装界面,单击【下一步】继续安装。

图 1.5　JDK8 下载页面

Java SE Development Kit 8u191

You must accept the Oracle Binary Code License Agreement for Java SE to download this software.

○ Accept License Agreement　◉ Decline License Agreement

Product / File Description	File Size	Download
Linux ARM 32 Hard Float ABI	72.97 MB	jdk-8u191-linux-arm32-vfp-hflt.tar.gz
Linux ARM 64 Hard Float ABI	69.92 MB	jdk-8u191-linux-arm64-vfp-hflt.tar.gz
Linux x86	170.89 MB	jdk-8u191-linux-i586.rpm
Linux x86	185.69 MB	jdk-8u191-linux-i586.tar.gz
Linux x64	167.99 MB	jdk-8u191-linux-x64.rpm
Linux x64	182.87 MB	jdk-8u191-linux-x64.tar.gz
Mac OS X x64	245.92 MB	jdk-8u191-macosx-x64.dmg
Solaris SPARC 64-bit (SVR4 package)	133.04 MB	jdk-8u191-solaris-sparcv9.tar.Z
Solaris SPARC 64-bit	94.28 MB	jdk-8u191-solaris-sparcv9.tar.gz
Solaris x64 (SVR4 package)	134.04 MB	jdk-8u191-solaris-x64.tar.Z
Solaris x64	92.13 MB	jdk-8u191-solaris-x64.tar.gz
Windows x86	197.34 MB	jdk-8u191-windows-i586.exe
Windows x64	207.22 MB	jdk-8u191-windows-x64.exe

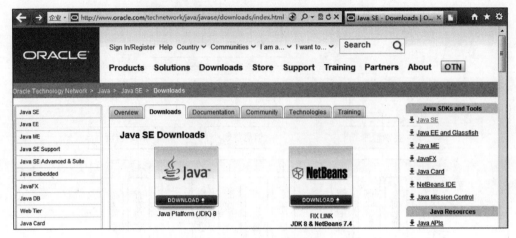

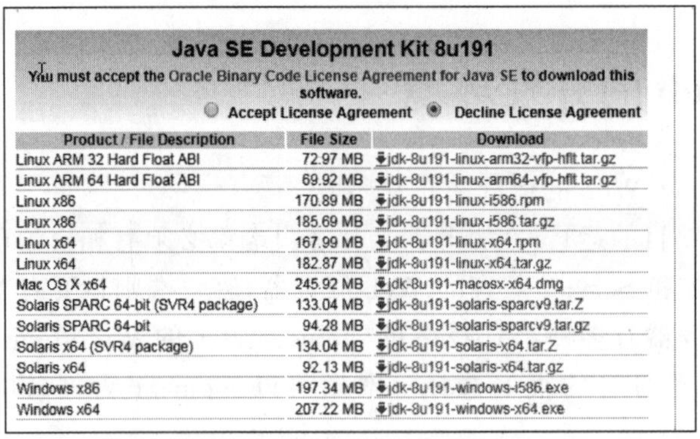

图 1.6　JDK8 各版本下载页面

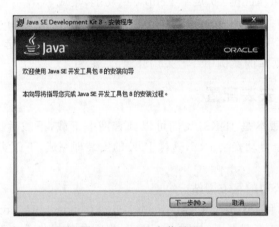

图 1.7　JDK8 安装界面

(3）进入定制安装页面，可以进行自定义安装选择，如图 1.8 所示，单击【下一步】即可。

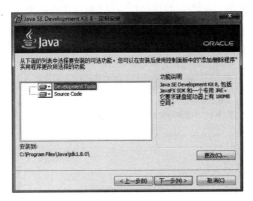

图 1.8　定制安装页面

(4）设置 JRE 安装路径，如图 1.9 所示，推荐使用默认路径，单击【下一步】。

图 1.9　设置 JRE 路径

(5）安装完成，如图 1.10 所示，可继续单击【后续步骤】访问相关文档，单击【关闭】完成 JDK8 的安装。

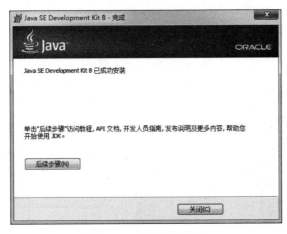

图 1.10　JDK 安装完成

以上只是把 JDK 环境安装完成了，为了进行 Java Web 开发还要进行一系列的环境变量配置，配置的环境变量包括 JAVA_HOME、PATH、CLASSPATH。

（1）右击【此电脑】，选择【属性】，单击【高级系统设置】，打开【系统属性】对话框，如图 1.11 所示，单击【高级】标签。

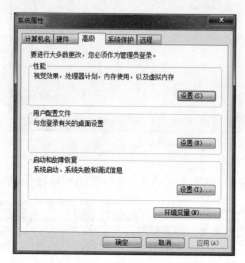

图 1.11 "系统属性"中"高级"选项设置

（2）单击【环境变量】，打开【环境变量】对话框，如图 1.12 所示。

图 1.12 环境变量设置

（3）在【系统变量】栏中单击【新建】按钮，打开【新建系统变量】对话框，在"变量名"输入框中写入"JAVA_HOME"，在【变量值】输入框中写入"C:\Program Files\Java\jdk1.8.0"（根据 JDK 安装路径填写），如图 1.13 所示，然后单击【确定】，JAVA_HOME 就设置完成了。

（4）设置 CLASSPATH 环境变量，首先选中"系统变量"查看是否有 CLASSPATH 变量，如果

图 1.13 JAVA_HOME 环境变量设置

没有单击【新建】,在【变量名】中输入"CLASSPATH";如果已经存在就选中 CLASSPATH 变量,单击【编辑】按钮;然后在【变量值】中填写"C:\ProgramFiles\Java\jdk1.8.0\jre\lib"(根据安装路径填写),如图 1.14 所示。

(5)现在进行 PATH 变量的配置,与上面 CLASSPATH 设置类似,【变量名】输入框填写"PATH",【变量值】输入框填写"C:\Program Files\Java\jdk1.8.0\bin"(根据安装路径填写),如图 1.15 所示。

图 1.14　CLASSPATH 环境变量设置

图 1.15　PATH 环境变量设置

至此,JDK 的环境变量已经配置完成,可以在命令提示符窗口,通过输入命令"java-version",查看到 Java 版本的信息,来确定安装是否成功。

1.2.2　Tomcat 服务器的搭建

Tomcat 有很多版本,目前最新的稳定版本是 Tomcat8.5,之前的很多版本都是 exe 格式的安装文件,Tomcat8.5 是现在流行的绿色安装,直接解压缩就能使用。以 apache-tomcat-8.5.35 为例,从 https://tomcat.apache.org/download-80.cgi 下载 apache-Tomcat-8.5.35.zip,解压缩该文件,假设解压缩到 D 盘根目录下,就能得到我们需要的 Tomcat8 服务器文件夹,进入文件夹,就能看见如图 1.16 所示结构。

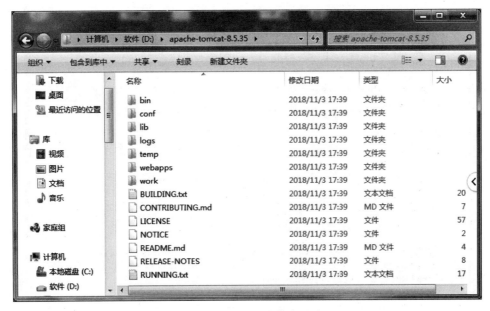
图 1.16　Tomcat 文件夹目录

现在我们就测试一下 Tomcat 是否安装成功。以图 1.16 为例,进入 bin 目录,也就是 D:\apache-Tomcat-8.5.35\bin 下,双击 startup.bat 运行,会出现如图 1.17 所示的启动界面。

当 Tomcat 启动后,在浏览器的地址栏中输入"http://localhost:8080",如果出现如图 1.18 所示的界面,表示 apache-Tomcat-8.5.35 安装成功。

注意:8080 是 Tomcat 服务器的默认端口号。我们可以通过修改 apache-Tomcat-8.5.35\conf 文件下的主配置文件 server.xml 来更改端口号。用编辑器打开 servre.xml 文件,找到出现< Connector port="8080" protocol="HTTP/1.1" connectionTimeout="20000" redirectPort="8443" />的部分,将其中的 port="8080" 更改为新的端口号(比如将 8080 更改为 8081 等)。

图 1.17 Tomcat8.5 启动界面

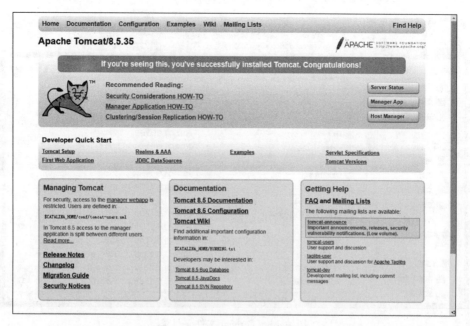

图 1.18 Tomcat8.5 安装成功

1.2.3 使用 Eclipse for JavaEE 建立一个 Java Web 项目

安装配置好了运行环境，就可以开始着手我们的第一个 Java Web 项目了。下面以 Eclipse for JavaEE 为例，开始我们的开发之旅。具体步骤如下：

(1) 第一次使用 Eclipse 开发 Java Web 项目，需要配置应用服务器。当我们完成了项目开发之后，也可以直接在 Tomcat 中通过配置文件进行相应配置即可完成项目部署。但一般在开发过程我们倾向于采用开发环境内置的 Web 服务器功能，便于进行程序调试，所以我们通过以下步骤配置服务器。单击 Window 菜单中的 Preference 命令，弹出 Preference 对话框，如图 1.19 所示在左边的导航栏中选中 Server 选项中的"Runtime Environments"，单击 Add 按钮，弹出 New Server Runtime Enviroment 对话框，如图 1.19 所示。

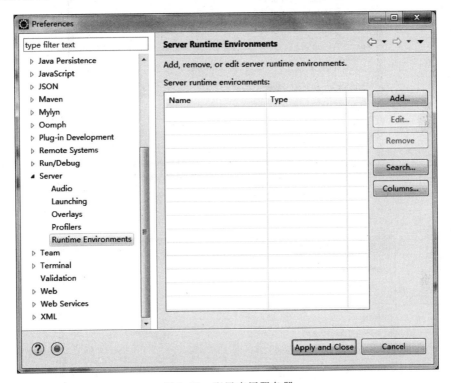

图 1.19 配置应用服务器

选择 Apache Tomcat 8.5，单击 Next 按钮。在弹出的对话框中配置前面安装好的 Tomcat8.5，如图 1.20 和图 1.21 所示，单击 Finish 按钮完成服务器配置。

(2) 新建一个 Web 项目(依次单击 File→New→Dynamic Web Project)，输入 project 的名字，如 myFirstWeb，如需修改项目保存的路径，则取消 Use default location 前面的☑；或者采用已经默认好的项目路径，单击 Finish 按钮完成创建项目，如图 1.22 所示。

(3) 创建 Web 应用，在项目 myFirstWeb 上右击新建一个 JSP。如图 1.23 所示，输入想建立的 JSP 的名字，比如 hello.jsp，Eclipse 会自动生成一个简单的 JSP 页面，myFirstWeb 的目录结构和 hello.jsp 页面如图 1.24 所示。

在 hello.jsp 页面中输入【示例代码 1.1】程序代码。

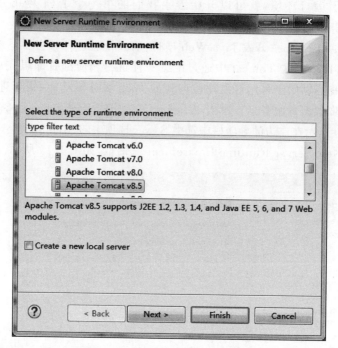

图1.20 配置Tomcat8.5服务器

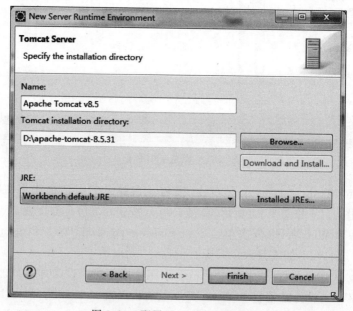

图1.21 配置Tomcat8.5服务器

图 1.22 新建一个 Web 项目

图 1.23 新建一个 JSP 程序

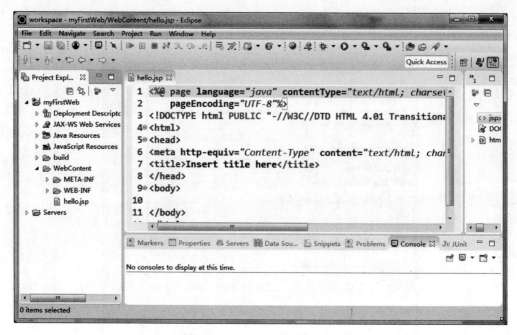

图 1.24 hello.jsp 的编辑页面

【示例代码 1.1】 第一个 JSP 程序。

源文件名称：hello.jsp

```
<%@ page contentType="text/html" pageEncoding="UTF-8"%>
<HTML>
<HEAD><TITLE>JSP</TITLE>
</HEAD>
<BODY>
<P>这是我们第一个 JSP 程序
  <%
    String name ="Tom";
  %>
<BR>
<p>HELLO ,<%=name%>
</BODY>
</HTML>
```

然后单击工具栏图标 ⊙▼ 运行，选择刚才配置好的 Web 服务器，单击 Finish 按钮测试运行，测试结果如图 1.25 所示。

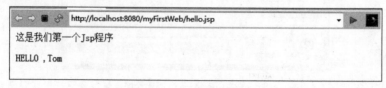

图 1.25 hello.jsp 运行结果

1.2.4 测试 JSP 程序

在配置好了 Tomcat 服务器的 Eclipse 环境中，当单击 Run 运行程序后，Tomcat 会自动加载 JSP 程序，在 IE 地址栏输入 http://localhost:8080/myFirstWeb/hello.jsp，就是向 Tomcat 发送了显示 hello.jsp 的请求，Tomcat 接收到请求之后，就会去调用 hello.jsp 编译后的字节码，JVM 解释执行后由 Tomcat 将结果返回给用户。

上面介绍的是 JSP 页面在 Eclipse 中运行，下面介绍三种在 Tomcat 中单独发布 JSP 网站的方法。

（1）直接将要访问的页面存放在 Tomcat 的 Root 根目录下，对于本书 Tomcat 的 Root 根目录即 apache-Tomcat-8.5.352\webapps\Root。将用户将要访问的 JSP 页面放在 Root 目录下，这里我们将前面创建好的 hello.jsp 页面放入，在浏览器地址栏中输入 http://localhost:8080/hello.jsp，结果如图 1.26 所示。

（2）到存放 Web 项目的目录 myFirstWeb 下，能看见一个 WebRoot 目录，这个目录就是存放 Web 服务的目录，将这个目录复制到 apache-Tomcat-8.5.352\webapps 下，进入 apache-Tomcat-8.5.352\bin，双击 startup.bat 启动 Tomcat，在浏览器地址栏输入 http://localhost:8080/WebRoot/hello.jsp，结果如图 1.27 所示。

图 1.26　访问 hello.jsp 页面

图 1.27　访问 hello.jsp 页面

（3）将某个目录设置成一个 Web 服务目录，并为该 Web 服务目录指定虚拟目录，即隐藏 Web 服务目录的实际位置，用户只能通过虚拟目录访问 Web 服务目录下的 JSP 页面。通过修改 Tomcat 服务器安装目录下 conf 文件中的 server.xml 文件来设置新的 Web 服务目录，假设要将 D:\myFirstWeb\WebRoot 作为 Web 服务目录，并让用户通过 apple 虚拟目录访问。首先用记事本打开 conf 文件夹中的主配置文件 server.xml，找到出现</Host>部分(server.xml 文件的尾部)，然后在</Host>的前面加入：

<Context path="/apple" docBase=" D:\myFirstWeb\WebRoot" debug="0" reloadable="true"/>

注意：XML 文件是区分大小写的，不可以将＜Context＞写成＜context＞。

主配置文件 server.xml 修改后，必须重新启动 Tomcat 服务器。重启 Tomcat 后我们在浏览器地址栏输入 http://localhost:8080/apple/hello.jsp，结果如图 1.28 所示。

对照一下图 1.26、图 1.27 和图 1.28，我们可以发现三次运行的结果是一样的。

图 1.28　访问 hello.jsp 页面

1.3　本章小结

（1）JSP 是基于 Java Servlet 技术的，所以在服务器端，必须安装 Java 虚拟机以及和 Servlet 兼容的 Web 服务器，在客户端，有 Web 浏览器就可以。

（2）Tomcat 是一个支持 Java Web 的容器，由 Apache 提供，所有的 Java Web 程序都要通过容器才能执行。

（3）可以通过配置文件（Server.xml）配置一个虚拟目录和改变服务器的监听端口。

第 2 章

Web前端开发基础

本章目标：
- 熟悉 Web 前端开发的概念
- 掌握 HTML 和 CSS
- 掌握 jQuery
- 掌握非物质文化遗产研究中心网站前端页面开发

2.1 什么是 Web 前端开发

什么是 Web 前端开发？也许有人会说 Web 前端开发就是网页设计，就是美工，也有人会说 Web 前端的工作就是使用工具拖曳生成各种界面，然后导出为网页。其实这些都是对 Web 前端的误解，或者说还是停留在过去对前端开发的认识上。

对于 Web 前端，业内公认的说法是从 2005 年开始兴起的，2005 年以前，因为 Web 网页主要以展示为主，内容基本都是静态的，所以客户端开发工作的目的就是让页面展现得更加整齐和漂亮，没有太多花哨的内容，网站的用户也只是以浏览为主，并不会有复杂的交互。正因为如此，一般的美工仅依靠 Photoshop 和 Dreamweaver 等工具就可以制作出外观漂亮的静态网页。2005 年之后，互联网进入 Web 2.0 时代，Web 2.0 更注重用户的交互作用，用户不再只是读者，同时也是作者，用户不再是仅仅阅读静态的网页，同时也为网站贡献内容。随着这一概念的发展，人们开始重新审视网站的设计，制作的网页慢慢变得生动起来，页面也有了大量的交互，不再是简单地展示静态的文字和图片。Google Gmail 的发布使得 AJAX 技术大红大紫，这也把对 Web 2.0 的概念的认识推上了一个新的高度。AJAX 无刷新技术极大地增强了网页的用户体验，使得用户操作页面更流畅；操作体验更接近于本地应用。此外，搜索引擎的普及使得网站的搜索引擎优化受到重视，搜索引擎对网站的外观并不感兴趣，只识别网站的 HTML 代码，这就要求网站的设计者和开发者不仅要重视网站外在的用户体验，还要重视网站内在的代码质量。

随着网站功能的丰富、设计风格的发展以及网站代码质量的要求,网页端的开发也变得复杂起来,其代码量和逻辑复杂度都增加不少,同时还需要考虑网站的性能、浏览器兼容及网站安全性方面的问题。传统的网站开发者仅仅会使用网页制作工具已经不能够满足目前的需求了,此时的网站开发更接近于后端开发,需要有专门的软件开发工程师来做网站开发相关的工作,于是原来的网页制作这职业就演变成了 Web 前端开发。从职责上讲,Web 前端开发要涉及网站开发的方方面面,从前端 UI 到和后端的数据交互都属于前端开发的范畴。因此,Web 前端开发是兼具艺术气息和逻辑思维的综合体,既要考虑页面的美感和操作体验,又要关注前端代码的质量。

2.2 前端代码的结构组织和文件的命名

好的开发方式在项目中会起到事半功倍的效果,并且可确保开发过程中的代码结构清晰,易维护。良好的命名规范和规整的格式让代码看起来干净整洁,也体现了开发者良好的职业素养,应该说命名规范、整齐的格式不仅是开发过程中的一种约定,而且是程序员之间良好沟通的桥梁。

代码的组织和代码文件的命名并没有最优的形式,但是无论什么代码,它们所遵循的原则是相同的,即在同一个项目中代码的组织结构一定要清晰,同类型的代码文件或者相同模块的代码文件尽量归类到相同的文件夹中,文件的命名规则须统一并且命名要有意义。

2.2.1 代码文件组织结构

前端代码文件主要包含 HTML、CSS、JavaScript 等文件,以及这些代码文件相关的图片、Flash、音视频等资源文件。如何合理地组织这些文件是项目成败的关键因素之一,对于该文件,既要考虑结构清晰、一目了然,还要考虑代码的复用。基于这样的原则,惯用的做法是同类文件放在一起,并按模块划分文件结构。

如图 2.1 是一种常用的前端文件的组织结构:

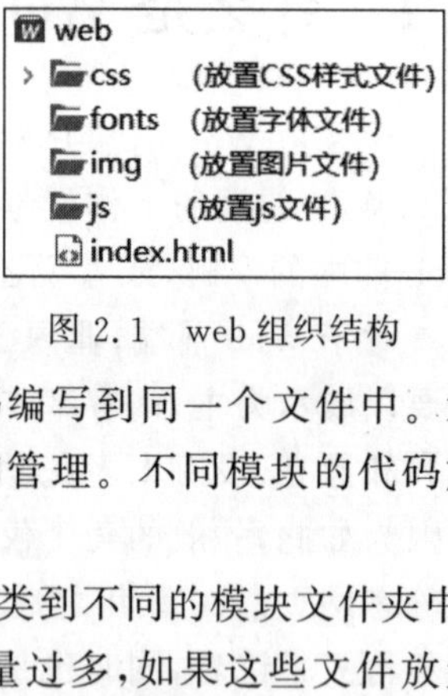

代码文件整体按照文件类型的不同归类,同一类型的代码文件则需要按照具体的业务模块来划分,切忌把多个模块的代码编写到同一个文件中。划分的力度以最大化代码复用为标准,这样做的优点是易于维护和管理。不同模块的代码放置到不同的文件中也更有利于多人协作开发。

图 2.1 web 组织结构

如果每种分类下面的文件过多,则可以根据对应的模块来归类到不同的模块文件夹中。例如,某个项目业务模块很多,导致前端 JavaScript 脚本文件数量过多,如果这些文件放置到同一个文件夹中,将会增加维护的困难。如果按照模块的不同新建不同的文件夹,并把同一模块相关的代码文件放置在对应的模块文件夹中,则代码文件的结构更加清晰。

2.2.2 代码文件的命名

代码文件命名的原则主要是名称需要表明文件对应的模块内容、对应的版本号和文件的格式等,如 jQuery 的文件命名为 jquery-1.8.2.min.s,其中,jquery 表明文件的内容,1.8.2 表明文件的版本号,min 表明此文件为文件的压缩格式版本。如果文件为子模块文件,则在文件名中用点号或短横线来表明父子关系,如 Bootstrap 框架中响应式设计模块对应的 CSS 文件的命名为:bootstrap-responsive.css。

2.3 Web 前端开发范畴

2.3.1 页面标记

由于页面 HTML 代码结构基本固定,HTML 的标签数量也不多,因此,从学习的难易程度来说,HTML 应该是前端技术中非常容易学习的技术。即使是一个新手,也能在较短的时间里学会编写一个结构良好的页面。虽然说入门容易,但是要编写语义良好、简洁整齐的 HTML 代码则需要大量的实践才能掌握。HTML 是页面的基本结构组成部分,是网站的基础,臃肿混乱的 HTML 代码不但会影响其本身的展现,而且与其对应的 CSS 与 JavaScript 代码也会变得难以编写和维护。

2.3.2 页面样式

CSS 是 Cascading Style Sheet(层叠样式表)的简称。在标准页面设计中,因为 CSS 负责网页内容的表现,所以 CSS 也是前端开发需要掌握的核心内容之丰富的 CSS 样式能让平淡的 HTML 展现出绚丽的效果,使得页面更为友好。好的样式可以让用户在页面上停留的时间更久一些,也可以帮助用户更好地阅读网站内容,同时,还可以让用户在不同浏览器上有着相同的体验。CSS 和 HTML 代码一样,没有复杂的逻辑,上手也比较容易,其主要的难点在于如何合理地利用 CSS 的组合和继承特性来编写简洁、可维护性好的 CSS 代码。以上这两项基本技能是前端 UI 开发必备的技能。

2.3.3 前端编程

前端编程技能主要是指 JavaScript 编程。JavaScript 是一种基于对象和事件驱动的客户端脚本语言,是页面实时动态交互的技术基础。相较于 HTML 和 CSS,编写 JavaScript 代码更能让前端开发人员找到后端程序员的感觉。JavaScript 是非常灵活的脚本语言,包含了高阶函数、动态类型以及灵活的对象模型等强大的语言特性,当然,JavaScript 的灵活性也可能导致代码不易维护。此外,浏览器的兼容性也增加了 JavaScript 编码的难度。同一个功能,可能在不同的浏览器中有不同的实现。例如,在 IE 浏览器中,事件绑定使用的是 attachement()方法,但其他测览器则使用的是 add Eventlistener()方法。开发人员在熟悉 JavaScript 基本语法和基本的编码规范之外,还应该了解并解决在不同浏览器中的 JavaScript 的兼容性问题。另外,作为前端开发工程师,必定会涉及后端的编程,一些原因是目前流行的 Web 编程方式会有部分后端代码存在于前端页面中,和前端的 HTML、JavaScript 等混合在一起,如 PHP、JSP、ASP.NET 等,因此,前端开发工程师也有必要了解一些后端编程技术。

2.3.4 前端框架

各种前端框架的出现,在很大程度上降低了前端开发的难度。框架统一了编码的方式,封装了浏览器兼容问题并添加大量的扩展功能。如今的 Web 项目中前端框架应用非常广泛，在开源社区 Github 上排名靠前的开源框架也是以前端框架居多。优秀的前端框架可以在很大程度上缩短项目开发的周期，尤其是 jQuery，几乎成为 Web 项目默认的前端框架。但是，前端框架的接口众多，各种框架的使用方式和编码方式也不尽相同，作为前端开发工程师，需要熟悉一些常用框架的使用方法，并且要了解如何编写常用框架的扩展插件，如 jQuery、YUIExt JS 等。

2.3.5 调试工具

对于前端代码，在调试过程中需要查看页面的 HTML 结构变化、CSS 渲染效果、JavaScript 代码的执行情况以及 HTTP 请求和返回的数据，并且要了解网站各个部分的性能等，甚至需要动态更改 HTML、CSS 代码来查看预期的效果，模拟发起 HTTP 请求来查看后端返回的数据。主流浏览器都会有对应的浏览器插件来辅助完成这些工作，如 IE 中的 IE Dev Toolbar、Chrome 中的 Developer Tools、Firefox 中的 Firebug 等，开发工程师需要熟练使用这些工具来辅助完成前端代码的调试。

2.4 HTML

HTML 是超文本标记语言（Hyper Text Markup Language），它提供了一套标签用来标记网页内容，因其不具备处理逻辑的能力，所以它并不是一门编程语言。

HTML 页面是一个以.html 为扩展名的纯文本文件。

2.4.1 文档结构

示例代码 2.1 是一个 HTML 文件最基本的文档结构，文档里的＜html＞、＜head＞、＜title＞、＜body＞等将在下节进行讲解。

【示例代码 2.1】 HTML 页面文档结构。

源文件名称：base.html

```
＜html＞
    ＜head＞
        ＜title＞Web 前段开发＜/title＞
    ＜/head＞
    ＜body＞
        写在这里的内容会被显示到浏览器中
    ＜/body＞
＜/html＞
```

2.4.2 标签

HTML 提供了一套标签来描述网页内容，如 head 表示网页头部、body 表示网页主体等。HTML 标签由一个独立单词或单词缩写构成，并且这些单词或单词缩写被要求放在"＜＞"中，比如＜head＞、＜p＞等，同时标签分为双标签和单标签。

双标签要有一个开始标签和一个结束标签，两个标签之间是展示到浏览器中的内容，并且开始标签和结束标签要成对使用，标签里加"/"表示结束，如下所示：

<p>双标签,表示一个段落,是单词<strong>paragraph</strong>的缩写</p>

注:标签内可以再嵌套其他标签。

单标签没有结束标签,在标签结束位置中添加"/"表示自闭合,如下所示:

<img src="example.jpg" alt="示例图片" />

1. 表格

利用表格可以非常方便的管理数据,使得数据展示非常直观,比如学员档案、订单信息等,HTML 也提供了<table>、<tr>、<td>等表格标签。

2. 表单

利用表单收集用户填写的数据,可以将这些数据提交至服务端永久性的存储也可以做为查询条件获取服务端的数据,比如注册、登录等,HTML 提供了<form>、<input>、<select>、<textarea>等标签。

3. 列表

列表可以直观的展示数据之间的层级关系,HTML 提供了有序列表、无序列表、自定义列表三种形式。

(1) 有序列表<ol>、<li>,示例代码 2.2 是一个有序列表,效果如图 2.2 所示。

【示例代码 2.2】 有序列表。

源文件名称:order_list.html

```
<ol>
    <li>Web 前端开发进阶</li>
    <ol>
        <li>HTML</li>
        <li>CSS</li>
        <li>JavaScript</li>
    </ol>
    <li>Web 后端开发进阶</li>
    <ol>
        <li>程序语言</li>
        <ol>
            <li>Java 语言</li>
            <li>Python</li>
        </ol>
        <li>数据库</li>
        <ol>
            <li>MySql</li>
            <li>Oracle</li>
        </ol>
    </ol>
    </li>
    <li>Web 项目整合</li>
</ol>
```

1. Web前端开发进阶
　　1. HTML
　　2. CSS
　　3. JavaScript
2. Web后端开发进阶
　　1. 程序语言
　　　　1. Java语言
　　　　2. Python
　　2. 数据库
　　　　1. MySql
　　　　2. Oracle
3. Web项目整合

图 2.2 有序列表运行效果

(2) 无序列表<ul>、<li>,示例代码2.3是一个无序列表,效果如图2.3所示。

【示例代码2.3】 无序列表。

源文件名称：unordered_list.html

```
<ul>
    <li>Web前端开发进阶</li>
        <ul>
            <li>HTML</li>
            <li>CSS</li>
            <li>JavaScript</li>
        </ul>
    <li>Web后端开发进阶</li>
        <ul>
            <li>程序语言</li>
            <ul>
                <li>Java语言</li>
                <li>Python</li>
            </ul>
            <li>数据库</li>
            <ul>
                <li>MySql</li>
                <li>Oracle</li>
            </ul>
        </ul>
    </li>
    <li>Web项目整合</li>
</ul>
```

- Web前端开发进阶
  ○ HTML
  ○ CSS
  ○ JavaScript
- Web后端开发进阶
  ○ 程序语言
    ■ Java语言
    ■ Python
  ○ 数据库
    ■ MySql
    ■ Oracle
- Web项目整合

图2.3 无序列表运行效果

4. 图片

能够在页面上展示图片,可以让网页变得丰富多彩,HTML提供了<img>标签展现图片。

```
<!-- 显示图片 -->
<img src="example.jpg" alt="示例图片" />
```

5. 链接

网站是由一个个网页链接起来的,通过链接可以将各个独立的网页组织起来,HTML提供了<a>标签链接网页。

```
<!-- 点击可以跳转至其他网站 -->
<a href="www.sohu.com">搜狐</a>
```

6. 段落

一篇文章是由若干段落组成的,HTML提供了<p>标签将内容划分为段落。

<p>从职责上讲,Web前端开发要涉及网站开发的方方面面,从前端UI到和后端的数据交互都属于前端开发的范畴。因此,Web前端开发是兼具艺术气息和逻辑思维的综合体,既要考虑页面的美感和操作体验,又要关注前端代码的质量。</p>

7. 标题

可以用<h1>、<h2>、<h3>、<h4>、<h5>、<h6>标签设置标题,最多可设6级标题。

<h1>一级标题</h1>
<h2>二级标题</h2>
<h3>三级标题</h3>
<h4>四级标题</h4>
<h5>五级标题</h5>
<h6>六级标题</h6>

2.5 CSS

CSS层叠样式表(Cascading Style Sheets)用来控制网页元素的样式(显示效果),比如字号、颜色、布局排版等。

2.5.1 引入方式

CSS必须引入到HTML文档才能被浏览器识别并应用到HTML标签(元素)上,有三种方式可以将CSS引入至HTML文档。

1. 行内式

通过设置标签属性style来引入CSS。

段落标签

2. 内联式

通过<style>标签引入CSS,需要被嵌套在<head>标签中。

```
<style type="text/css">
        /*这里写层叠样式表*/
        p{
            color: red;
        }
</style>
```

3. 外部文件

将CSS写在一个独立的文件中,这个文件以.css作为拓展名,然后通过<link>标签引入到HTML文档,如下所示。

```
<!--引入外部文件-->
<link rel="stylesheet" href="example.css" />
```

2.5.2 语法规则

CSS提供一系列属性来控制HTML标签的样式(显示效果),但必须要遵循特定的语法规则。假设把<h1>标签中文字的颜色设置成红色、字号设置成14像素,需要按图2.4规则设置。

图2.4 内联式样式引入

2.5.3 选择器

CSS 可以对 HTML 标签(元素)样式进行分别设置,例如< p >标签设成红色、< h1 >标签设成绿色,通过 CSS 选择器能够对标签进行筛选,进而设置不同的 CSS 样式。

(1) 标签选择器,通过标签名选择元素。

```
<!-- 以内联方式引入-->
< style >
    /* 选中 p 元素 */
    p{
        color: red;
    /* 选中图片样式 */
    img{
        h: 200px;
    }
</style >
```

(2) 类选择器,通过设置 class 属性然后根据其属性值来选择元素,语法格式为".class",同一个页面可以出现多个相同的类名。

```
/* 选中 class 属性值为 special 的元素 */
.special{
    color: blue;
}
```

(3) ID 选择器,通过设置 ID 属性然后根据其属性值来选择元素,语法格式为"#id",同一个页面不能出现相同的 ID 名。

```
/* 选中 ID 属性值为 indentfier 的元素 */
#indentifier{
    font-size:400px;
    color:pink;
}
```

2.5.4 单位

页面布局中,经常会设置元素的宽高、字号、位置等属性,这些属性值都是以一个数值形式存在的,这时我们就需要有相应的单位表达。

(1) px(像素),屏幕是由无数个网格状的点构成的,把这些点称为像素,例如 1920×1080 指屏幕由水平方向 1920 个像素,垂直方向 1080 个像素构成。

```
/* 设置 P 元素宽高都为 200px */
p{
    width:200px;
    height:200px;
    background-color:red;
}
```

(2) %(百分比),相对于某一元素尺寸(通常是父元素)大小。

```
/* 以百分比设置,参照父元素的宽和高 */
/* 查到结果为 100px 和 100px */
p img{
    width:50%;
    height:50%;
}
```

(3) em 相对单位,等于当前元素字号大小。

```
/* 当前字号为 20px,所以 1em=20px */
/* 计算机元素大小为 200px 和 200px */
p{
    width:10em;
    height:10em;
    font-size:20px;
}
```

2.5.5 颜色值

丰富多彩的网页由一个个不同颜色的 HTML 元素构成,CSS 提供了多种方法设置元素的颜色值。

(1) 关键字,由表示颜色的英文单词构成,如 red、green、blue 等。

```
/* 使用关键字定义颜色 */
h3{
    color:red;
    background-color:blue;
}
```

(2) 十六进制,由一个 6 位长度的十六进制的数值和符号"#"构成,如#FFFFF、#F2F2F2 等。

```
/* 使用十六进制数值定义颜色 */
h3{
    color:#cccccc;
    background-color:#f1f1f1;
}
```

(3) 三原色,由 Red(红)、Green(绿)、Blue(蓝)3 色组合构成,如 RGB(120,120,120),3 个参数分别代表红色值、绿色值、蓝色值,取值范围为 0~255,组合不同的数值会得到不同的颜色。

```
/* 使用三原色定义颜色 */
h3{
    color:rgb(120,120,120);
    background-color:rgb(0,0,0);
}
```

2.5.6 字体

通过设置文字的字体、字号、风格、行间距可以增强网页内容的可读性、突出重点内容。

(1) 设置字号 font-size

下面分别使用 px、%、em 作为单位设置字号,以%、em 作为单位时以父元素的字号为参考,例如父元素字号为 16px,则 62.5% 相当于 10px、1em 相当于 16px。

```
/*使用 px 作为单位*/
p{
    font-size:18px;
}
/*使用%作为单位*/
p{
    font-size:62.5%;
}
/*使用 em 作为单位*/
p{
    font-size: 1em;
}
```

(2) 设置粗体 font-weight

```
/*默认值不加粗*/
p{
    font-weight:normal;
}
/*以关键字设置粗体*/
p{
    font-weight:bold;
}
/*以数值设置粗体*/
p{
    font-weight:600;
}
```

(3) 设置风格 font-style

```
/*默认值*/
p{
    font-style: normal;
}
/*设置斜体样式*/
p{
    font-style: italic;
}
```

(4) 设置字体 font-family

可以指定多个字体,使用逗号分隔,如字体名称为汉字或由多个单词组成则必须使用引号包括。

使用 font-family 设置的字体会读取用户计算机上系统安装的字体,当指定了多个字体后浏览器会从前往向按顺序查找并设置字体,如下例所示如果用户计算机未安装"微软雅黑"字体,则会使用 Arial 字体。

```css
/*设置单个个体*/
p{
    font-family: '宋体';
}
/*设置多个字体*/
p{
    font-family: "微软雅黑";,arial,'Time New Roman';
}
```

(5) 设置行间距 line-height

```css
/*使用 px 作为单位*/
p{
    line-height: 20px;
}
/*使用%作为单位*/
p{
    line-height: 120%;
}
/*不带单位*/
p{
/*纯数字,不带单位*/
    line-height: 1.5;
}
```

2.5.7 文本

(1) 设置文本对齐 text-align

```css
/*左对齐 默认值*/
p{
    text-align: left;
}
/*居中对齐*/
p{
    text-align: center;
}
/*右对齐*/
p{
    text-align: right;
}
```

(2) 设置文本修饰 text-decoration

```css
p{
/*文字下画线*/
    text-decoration: underline;
/*文字中划线*/
    text-decoration: line-through;
}
```

2.5.8 列表

1. 设置列表标志类型

```
/*设置列表类型*/
ul{
    /*实心圆点*/
    list-style-type: disc;
    /*圆圈*/
    list-style-type: circle;
    /*实心方块*/
    list-style-type: square;
    /*数字*/
    list-style-type: decimal;
}
```

2. 设置标志类型为图片

```
/*设置图片类型*/
ul{
    list-style-type: url(./images/arrow.gif);
}
```

3. 设置标志位置

```
/*设置标志位置*/
ul{
    /*外侧 默认值*/
    list-style-position: outside;
    /*内侧*/
    list-style-position: inside;
}
```

可以将上述3个属性用一个属性来书写,这样的属性被称为复合属性,如下所示:

```
/*复合属性设置列表风格*/
ul{
    /*将3个属性写在一起,用空格进行分隔*/
    list-style: square url(./images/arrow.gif) inside;
}
```

2.5.9 背景

1. 设置背景色

background-color: pink;

2. 设置背景图片

background-image: url(./images/psb.jpg);

3. 设置背景平铺

```
/*不平铺*/
background-repeat: no-repeat;
/*水平平铺*/
background-repeat:repeat-x;
/*垂直平铺*/
background-repeat:repeat-y;
```

4. 设置背景图片位置

```
/*第1个参数表示水平,第2个参数表示垂直.*/
/*左上角*/
background-position: left top;
/*右下角*/
background-position: right bottom;
/*居中*/
background-position: center center;
/*以左上角为原点,水平200px,垂直100px*/
background-position: 200px 100px;
```

5. 背景图是否随内容滚动

```
/*跟随内容滚动*/
background-attachment: scroll;
/*不要跟随内容滚动*/
background-attachment: fixed;
```

2.5.10 透明度

```
/*设置透明度,取值范围0~1*/
opacity: 0.5;
```

2.6 JavaScript 脚本语言

2.6.1 JavaScript 简介

JavaScript 是一种解释性的、基于对象和事件驱动的并具有安全性能的脚本语言,既可以用在客户端也可以用在服务器端,主要用在客户端,有了 JavaScript,可使网页变得生动。使用它的目的是与 HTML 超文本标识语言、Java 脚本语言一起实现在一个网页中链接多个对象,与网络客户交互作用,从而可以开发客户端的应用程序。它通过嵌入或调入在标准的 HTML 语言中实现。

JavaScript 的出现弥补了 HTML 语言的缺陷,它是 Java 与 HTML 折中的选择,在 HTML 网页中使用 JavaScript 有嵌入式、引入式。

1. 嵌入式

嵌入式就是将 JavaScript 代码嵌入到 HTML 代码中间,这种方式是最常用的一种方式:

【示例代码2.4】 JavaScript代码嵌入到HTML代码。

源文件名称：common_js_demo.html

```
<html>
<head><title>这是一个最简单的JavaScript示例</title></head>
<body>
<script type="text/javascript">document.write("这是JavaScript的第一个例子")</script>
</body>
</html>
```

在上述代码中，JavaScript以<script type="text/javascript">开始，以</script>标签结束，两个标签之间就可加入JavaScript脚本，document.write()语句表示在文档中输出一个字符串。

2. 引入式

引入式就是将JavaScript代码单独做出文件封装起来。如果要调用这个文件，可以通过<script>标记将文件引入过来。其形式如下：

Document.write("欢迎来到JavaScript世界");

将上述代码保存，名称为yin.js。这里要注意是，JavaScript文件扩展名为.js。引入js文件的html文件代码如下：

【示例代码2.5】 引入JavaScript文件。

源文件名称：import_js_demo.html

```
<html>
<head><title>引入JavaScript文件</title></head>
<body>
<script src="yin.js"></script>
</body>
</html>
```

在上述代码中，属性标记src表示要引入的JavaScript文件。

2.6.2 JavaScript基本语法

JavaScript脚本语言的语法和C、Java比较相似，区分大小写，每条语句结束时都带有分号。JavaScript有它自身的基本数据类型、表达式和算术运算符以及程序的基本框架结构。JavaScript有四种基本的数据类型：数值型、字符串型、布尔型和空值。JavaScript语言为弱类型语言，在不同类型之间的变量进行运算时，会优先考虑字符类型。如5+"6"的执行结果为56。

JavaScript创建一个变量通常使用关键字var，尽管作为一门对数据类型变量要求不太严格的语言，不必声明每一个变量的类型，但在使用变量之前先进行声明是一种好的习惯。可以使用var语句来进行变量声明，如：var men=true;//men中存储的值为Boolean类型。

JavaScript变量命名区分大小写，变量名称的长度是任意的，但必须遵循以下规则。

- 第一个字符必须是字母(大小写均可)、下画线(_)或美元符($)。
- 后续的字符可以是字母、数字、下画线或美元符。

- 变量名称不能是保留字。

在定义完变量后,就可以对它们进行赋值、改变、计算等一系列操作了,这些操作语句称为表达式,可以说它是变量、常量、布尔及运算符的集合,因此表达式可以分为算术表述式、字符串表达式、赋值表达式以及布尔表达式等。

2.6.3 JavaScript 函数

在 JavaScript 用来执行重复的功能,通常使用函数来完成。JavaScript 中的函数分为两种,系统预定义函数和用户自定义函数。系统预定义函数主要是系统自己创建的函数,如 eval()、parseInt()等。用户自定义函数是用户根据自己的需要创建的函数。

1. 用户自定义函数

用户自定义函数语法格式为:

```
function 函数名(参数1,参数2,…)
{
    语句;
}
```

function 表示定义函数的关键字,函数执行语句在一对大括号之间。函数可以直接调用,也可以通过 HTML 文档的表单元素来调用,自定义函数使用示例如下:

【示例代码 2.6】 自定义函数。

源文件名称:self_function_demo.html

```
<html>
    <head>
        <script type="text/javascript">
            var x = 8;
            var y = 9;
            function sum(a, b){
                return a + b;
            }
            var z = sum(x, y);
            document.write(z);
        </script>
    </head>
</html>
```

在上述代码中,创建了一个函数 sum 求取两个数的和,在函数的外部直接调用 sum 并向它传递参数 x,y,最后将值输出。

2. 系统预定义函数

系预定义函数又称为系统函数,为 JavaScript 的内置函数。系统函数的使用示例如下:

```
<script type="text/javascript">
alert("系统函数")
</script>
```

上述代码中使用系预预定义函数 alert()弹出一个提示对话框输出信息。

2.7 jQuery

2.7.1 什么是 jQuery

jQuery 一直被称为是一个 JavaScript 框架,更准确地说,jQuery 是一个 JavaScript 函数库。它兼容 CSS3,还兼容各种浏览器。是一个轻量级的"write less,do more(写的少,做的多)"的 JavaScript 库。尽管目前网络上有大量开源的 JS 框架,但是 jQuery 是目前最流行的 JS 框架,而且提供了大量的扩展,很多大公司如 Google、Microsoft 等都在使用 jQuery。

1. jQuery 引入

从 jquery.com 下载 jQuery 库后,通过<script type="text/javascript"></script>标签引入,在 HTML5 中,也可以省略 type="text/javascript",因为 JavaScript 是 HTML5 的默认脚本语言,引入格式如下。

```
<script src="js/jquery-3.3.1.min.js"></script>
```

注意:<script>标签应该放在页面<head>部分。

2. 对象获取

通过 jQuery 可以选取 HTML 元素,并对它们执行操作,jQuery 元素选择器和属性选择器允许通过标签名、属性名或内容对 HTML 元素进行选择,选择器允许对 HTML 元素组或单个元素进行操作。

基本语法:jQuery(选择器) 或 $(选择器)

语　　法	描　　述
$(this)	当前 HTML 元素
$("p")	所有<p>元素
$("p.myClass")	所有 class="myClass" 的<p>元素
$(".myClass")	所有 class="myClass" 的元素
$("#myId")	id="myId" 的元素
$("ul li:first")	每个<ul>的第一个<li>元素

3. jQuery 页面加载

jQuery 提供 ready()函数,用于页面成功加载后执行。由于该事件在文档就绪后发生,因此把所有其他的 jQuery 事件和函数置于该事件中是非常好的做法。ready()有以下三种语法:

语法 1: $(document).ready(function)
语法 2: $().ready(function)
语法 3: $(function)

实际开发中,一般将<script></script>标签编写在<head>标签体内,我们来看一个例子。

【示例代码 2.7】 jQuery 页面加载。
源文件名称:jQuery_load.html

```
//整个页面的解析是从上往下的,此时将不能获得<input>对象,获得匹配对象的个数为 0
<head>
    <script src="js/jquery-3.3.1.min.js"></script>
    <script>
    alert($("#myId").length);
    //jQuery 页面加载
     $(document).ready(function(){
         alert("jQuery 页面加载");
         });
     $(function(){
         var input = $("#myId");
         //此时将获得 1 个<input>对象,输出为 1
         alert(input.length);
         })
    </script>
</head>
<body>
    <input type="text" id="myId" />
</body>
```

4. jQuery 基本选择器

基本选择器是 jQurey 中最常用也是最简单的选择器,它通过元素 id、class 和标签名等来查找 DOM 元素。

【示例代码 2.8】 jQuery 选择器使用。

源文件名称:jQuery_base.html

```
<head>
<script src="js/jquery-3.3.1.min.js"></script>
    <script>
        $(document).ready(function(){
            //id 选择器,格式为 $("#id 的值"),jQuery 变量名一般以 $ 开头
            var $d1 = $("#myId");
            //id="myId"的元素只有一个,输出 1
            alert($d1.length);
            //标签选择器,格式为 $("标签名")
            var $d2 = $("input");
            //input 标签有 3 个,输出 3
            alert($d2.length);
            //类选择器,格式为 $(".class 类名")
            var $d3 = $(".myClass");
            // class 为 myClass 的元素有 2 个,输出 2,length 和 size()等效
            alert($d3.size());
            });
    </script>
</head>
<body>
    <input type="radio" name="hobby" id="myId" />编写程序
    <input type="radio" name="hobby" class="myClass" />调试 bug
    <input type="radio" name="hobby" class="myClass" />洽谈需求
</body>
```

2.7.2 jQuery 案例操作

1. "隔行换色"案例的实现

本案例涉及 jQuery 技术中的 addClass()操作,用于给指定标签进行属性样式设置。

【示例代码 2.9】 jQuery 控制表格隔行换色。

源文件名称：jQuery_color.html

```html
<head>
    <style type="text/css">
        .even{background:#FFF38F;}            /* 偶数行样式 */
        .odd{background:#FFFFEE;}             /* 奇数行样式 */
    </style>
<script src="js/jquery-3.3.1.min.js"></script>
    <script>
        $(function(){
            //得到所有偶数行,并添加类样式
            $("tr:even:gt(0)").addClass("even");
            //得到所有奇数行,并添加类样式
            $("tr:odd").addClass("odd");
        });
    </script>
</head>
<body>
    <table id="tab1" border="1" width="800" align="center">
        <thead>
            <tr>
                <td colspan="5"><input type="button" value="添加"/><input type="button" value="删除"></td>
            </tr>
            <tr>
                <th><input type="checkbox"></th>
                <th>分类 ID</th>
                <th>分类名称</th>
                <th>分类描述</th>
                <th>操作</th>
            </tr>
        </thead>
        <tbody>
            <tr>
                <td><input type="checkbox"></td>
                <td>1</td>
                <td>手机数码</td>
                <td>手机数码类商品</td>
                <td><a href="">修改</a>|<a href="">删除</a></td>
            </tr>
            <tr>
                <td><input type="checkbox"></td>
                <td>2</td>
                <td>电脑办公</td>
```

```
            <td>电脑办公类商品</td>
            <td><a href="">修改</a>|<a href="">删除</a></td>
        </tr>
        <tr>
            <td><input type="checkbox"></td>
            <td>3</td>
            <td>鞋靴箱包</td>
            <td>鞋靴箱包类商品</td>
            <td><a href="">修改</a>|<a href="">删除</a></td>
        </tr>
        <tr>
            <td><input type="checkbox"></td>
            <td>4</td>
            <td>家居饰品</td>
            <td>家居饰品类商品</td>
            <td><a href="">修改</a>|<a href="">删除</a></td>
        </tr>
    </tbody>
</table>
</body>
```

2. "全选/全不选"案例的实现

本案例涉及 jQuery 技术中的 prop() 函数操作,用于给指定标属性设置值。

【示例代码 2.10】 jQuery 控制复选框全选和全不选。

源文件名：jQuery_selectAll.html

```
<head>
    <script src="js/jquery-3.3.1.min.js"></script>
    <script>
        $(function(){
            //得到"全选"复选框标签,并绑定事件
            $("#selectAll").click(function(){
                //根据"全选"按钮的选中状态,给其他复选框赋值
                $("input[name='selectOne']").prop("checked",this.checked);
            });
        });
    </script>
</head>
<body>
    <table id="tab1" border="1" width="800" align="center">
        <thead>
            <tr>
                <th><input type="checkbox" id="selectAll" />全选/全不选</th>
                <th>分类 ID</th>
                <th>分类名称</th>
                <th>分类描述</th>
                <th>操作</th>
            </tr>
        </thead>
```

```html
        <tbody>
            <tr>
                <td><input type="checkbox" name="selectOne"/></td>
                <td>1</td>
                <td>手机数码</td>
                <td>手机数码类商品</td>
                <td><a href="">修改</a>|<a href="">删除</a></td>
            </tr>
            <tr>
                <td><input type="checkbox" name="selectOne"/></td>
                <td>2</td>
                <td>电脑办公</td>
                <td>电脑办公类商品</td>
                <td><a href="">修改</a>|<a href="">删除</a></td>
            </tr>
            <tr>
                <td><input type="checkbox" name="selectOne"/></td>
                <td>3</td>
                <td>鞋靴箱包</td>
                <td>鞋靴箱包类商品</td>
                <td><a href="">修改</a>|<a href="">删除</a></td>
            </tr>
            <tr>
                <td><input type="checkbox" name="selectOne"/></td>
                <td>4</td>
                <td>家居饰品</td>
                <td>家居饰品类商品</td>
                <td><a href="">修改</a>|<a href="">删除</a></td>
            </tr>
        </tbody>
    </table>
</body>
```

3. "省市联动"案例的实现

本案例需要对标签的 value 属性值、标签体内容进行操作,并需要遍历所有的市。涉及 jQuery 技术中的遍历函数 each(),其用法如下:

第一种用法:
```
jQuery 对象.each(function(i,n){
//参数 i: 遍历索引号    参数 n: 数组中的元素
});
```

第二种用法
```
$.each(数组,function(i,n){
});
```

本案例通过以下步骤实现:

(1) 添加 jq 库文件;

(2) 编写页面加载事件;

(3) 得到省份标签,并绑定 change 事件;
(4) 获得省份的 value 值;
(5) 根据省份的 value 得到城市对应的数组数据;
(6) 得到城市的标签,并向标签内追加内容。

【示例代码 2.11】 jQuery 省市联动。

源文件名称:jQuery_provinceAndCity.html

```
<head>
    <script src="js/jquery-3.3.1.min.js"></script>
    <script>
        //省份数组
        var province = ["辽宁省","山东省","河北省","江苏省"];
        // 定义二维数组:
        var cities = new Array(4);
        cities['辽宁省'] = new Array("沈阳市","鞍山市","大连市");
        cities['吉林省'] = new Array("长春市","吉林市","松原市","延边市");
        cities['山东省'] = new Array("济南市","青岛市","烟台市","潍坊市","淄博市");
        cities['河北省'] = new Array("石家庄市","唐山市","邯郸市","廊坊市");
        cities['江苏省'] = new Array("南京市","苏州市","扬州市","无锡市");
        $(function(){
            //初始化省份
            $(province).each(function(i, n){
                //得到省份下拉列表,并追加数据
                $("#province").append("<option value='" + n + "'>" + n + "</option>");
            });
            //得到省份下拉列表,并绑定文本改变事件
            $("#province").change(function(){
                //得到当前省份的 value
                var provinceVal = $(this).val();
                //根据省份的 value,得到城市数组
                var arrCity = cities[provinceVal];
                //alert(arrCity);
                //清空城市列表数据
                $("#city")[0].length = 0;
                //循环城市数组,给城市下拉列表追加数据
                $(arrCity).each(function(i, n){ // 参数 i:数组中元素的索引 参数 n:数组中当前元素对象
                    //得到城市下拉列表,并追加数据
                    $("#city").append("<option value='" + i + "'>" + n + "</option>");
                });
            });
        });
    </script>
</head>
<body>
    <form action="" method="post">
        <table width="100%" height="100%" border="0" align="center" cellspacing="10">
            <tr>
```

```html
            <td>用户名</td>
            <td><input type="text" id="username" name="username" placeholder="请输入用户名" onfocus="showTips('username','用户名必须是字母或数字')" onblur="checkUsername('username','用户名不能为空！')" /><span id="usernamespan"></span></td>
        </tr>
        <tr>
            <td>密码</td>
            <td><input type="password" id="password" name="password" onfocus="showTips('password','密码长度必须6位')" onblur="checkUsername('password','密码不能为空！')" />
<span id="passwordspan"></span></td>
        </tr>
        <tr>
            <td>确认密码</td>
            <td><input type="password" name="repassword"/></td>
        </tr>
        <tr>
            <td>性别</td>
            <td><input type="radio" name="sex" value="男" checked="checked"/>男
                <input type="radio" name="sex" value="女"/>女
            </td>
        </tr>
        <tr>
            <td>Email</td>
            <td><input type="text" name="email"/></td>
        </tr>
        <tr>
            <td>姓名</td>
            <td><input type="text" name="name"/></td>
        </tr>
        <tr>
            <td>生日</td>
            <td><input type="text" name="birthday"/></td>
        </tr>
        <tr>
            <td>籍贯</td>
            <td>
                <select id="province">
                    <option value="">-请选择-</option>
                </select>
                <select id="city">
                </select>
            </td>
        </tr>
        <tr>
            <td>验证码</td>
            <td><input type="text" name="checkcode" size="10"/></td>
        </tr>
        <tr>
            <td colspan="2"><input type="submit" value="注册"/></td>
```

```
                </tr>
            </table>
        </form>
    </body>
```

2.8 非物质文化遗产研究中心网站前端页面设计

　　一个网站的前端页面风格基本是一致的,所以网站各页面很多样式和效果设计都是可以重用的,本网站前端呈现给用户浏览的主要页面只有首页、栏目页面和内容页面,首页部分通过前端框架 jQuery 来实现幻灯片效果,同时实现了响应式布局。其他页面设计基本类似,下面主要讲解首页面的设计。

　　网站首页页面分为 head 部分、body 部分和最后引用部分,head 部分主要是页面编码、标题、meta 信息、样式引用、js 引用,如下所示。

```
<head>
    <!--网页采用国际通用编码 utf-8-->
    <meta charset="utf-8"/>
    <!--网页在浏览器中显示的标题-->
    <title>非物质文化遗产研究中心</title>
    <!--使窗口能自适应移动终端-->
    <meta name="viewport" content="width=device-width, initial-scale=1.0, maximum-scale=3, minimum-scale=1.0, maximum-scale=1.0, user-scalable=no, minimal-ui"/>
    <!--设置网页关键词,有利于 SEO 搜索-->
    <meta name="keywords" content=""/>
    <!--设置网页描述,有利于 SEO 搜索-->
    <meta name="description" content=""/>
    <!--引用样式文件,所有样式在 base.css 文件中-->
    <link href="./css/base.css" rel="stylesheet"/>
    <!--加载首页 3D 效果库 js 文件-->
    <script type="text/javascript" src="./js/modernizr.custom.53451.js">
    </script>
</head>
```

　　body 部分是网页的主要内容,设计出来的全部网页结构元素包括头部内容、幻灯片内容、中部内容和底部内容,如下所示。

```
<body>
    <!--头部内容-->
    <div class="header">
        <a href="/"><img src="./img/logo.png" class="logo"/></a>
        <ul>
            <li><a href="/" class="active">首页</a></li>
            <li><a href="/">简介</a></li>
            <li><a href="/">规划</a></li>
            <li><a href="/">机构</a></li>
            <li><a href="/">研创</a></li>
            <li><a href="/">成果</a></li>
            <li><a href="/">合作</a></li>
```

```html
        <li><a href="/">交流</a></li>
    </ul>
</div>
<!--幻灯片内容-->
<div class="slide-container">
    <section id="dg-container" class="dg-container">
        <div class="dg-wrapper">
            <a href="#1"><img src="./img/slide1.jpg" alt="image01"></a>
            <a href="#2"><img src="./img/slide2.jpg" alt="image02"></a>
            <a href="#3"><img src="./img/slide3.jpg" alt="image03"></a>
        </div>
        <nav>
            <span class="dg-prev"></span>
            <span class="dg-next"></span>
        </nav>
    </section>
</div>
<!--页面内容-->
<div class="container">
    <!--非遗资讯-->
    <div class="item col-12">
        <div class="item-body">
            <div class="book-scroll">
                <div class="book-scroll-wrap">
                    <ul>
                        <li class="open">
                            <a href="javascript:void(0);" class="pic">
                                <img src="./img/pic01.jpg" alt="">
                                <div>08.31</div>
                            </a>
                            <div class="detail">
                                <h3>此处图片1标题</h3>
                                <p>此处图片1内容……</p>
                                <p><a target="blank" href="/">详细内容</a></p>
                            </div>
                        </li>
                        <li>
                            <a href="javascript:void(0);" class="pic">
                                <img src="./img/pic02.jpg" alt="">
                                <div>08.31</div>
                            </a>
                            <div class="detail">
                                <h3>此处图片2标题</h3>
                                <p>此处图片2内容……</p>
                                <p><a target="blank" href="/">详细内容</a></p>
                            </div>
                        </li>
                        <li>
                            <a href="javascript:void(0);" class="pic">
                                <img src="./img/pic03.jpg" alt="">
                                <div>08.31</div>
```

```html
            </a>
            <div class="detail">
                <h3>此处图片3标题</h3>
                <p>此处图片3内容……</p>
                <p><a target="blank" href="/">详细内容</a></p>
            </div>
        </li>
        <li>
            <a href="javascript:void(0);" class="pic">
                <img src="./img/pic04.jpg" alt="">
                <div>08.31</div>
            </a>
            <div class="detail">
                <h3>此处图片4标题</h3>
                <p>此处图片4内容……</p>
                <p><a target="blank" href="/">详细内容</a></p>
            </div>
        </li>
    </ul>
</div>
<a href="javascript:void(0)" class="btn-prev icon-arrowl"></a>
<a href="javascript:void(0)" class="btn-next icon-arrowr"></a>
        </div>
      </div>
    </div>
    <!--首页其他栏目,参考教材配套资源-->
    <!--底部内容-->
    <div class="footer">
        <div class="footer-r"><p>网站版权信息</p></div>
    </div>
</body>
```

最后引用部分是一些常用的js,包括jQuery库的引用、jquery.gallery幻灯效果库的引用、网站中使用的其他js。

```html
<script type="text/javascript" src="./js/jquery.min.js"></script>
<script type="text/javascript" src="./js/jquery.gallery.js"></script>
<script type="text/javascript" src="./js/common.js"></script>
```

2.9 本章小结

（1）HTML是最基本的Web前端设计语言,它提供了一套标签来描述网页内容。

（2）CSS用来控制网页元素的样式,有三种方式可以将CSS引入至HTML文档：行内式、内联式、外部文件。

（3）JavaScript可使网页变得生动,可以开发客户端的应用程序,它通过嵌入或调入在标准的HTML语言中实现。

（4）jQuery是一个JavaScript函数库,是目前最流行的JS框架。

JSP基础语法

本章目标：
- 掌握JSP的基本结构
- 掌握JSP指令标记
- 掌握JSP动作标签

3.1 JSP基础知识

3.1.1 什么是JSP

　　JSP(Java Server Pages)是由Sun Microsystems公司(已被甲骨文收购)倡导、许多公司一起参与建立的一种动态网页技术标准，JSP技术是以Java语言作为脚本语言，用于创建可支持跨平台的Java Web动态网页技术。在传统的网页HTML文件(*.htm，*.html)中加入Java程序片段(Scriptlet)和JSP标记(tag)，就构成了JSP网页(*.jsp)。

　　Java Web服务器在遇到访问JSP网页的请求时，首先执行其中的程序片段，然后将执行结果以HTML格式返回给客户。JSP网页中的程序片段可以操作数据库、重新定向网页以及发送Email等等，这些功能就是Java Web网站所要实现的。Java Web开发中所有程序操作都在服务器端执行，网络上传送给客户端的仅是得到的结果，所以对客户浏览器的要求很低。

　　JSP是基于Java Servlet技术的，所以它继承了Java的一切优点，例如一次编写到处运行、平台无关性、系统的安全性，等等。

3.1.2 JSP页面

　　深入学习JSP之前，先看一个JSP页面的的代码。

　　【示例代码3.1】　第一个JSP程序。

　　源文件名：hello.jsp

```
<%@ page contentType="text/html" pageEncoding="UTF-8"%>
<html>
<head>
<title>JSP</title>
</head>
<body>
<font>
<p>这是我们第一个JSP程序
  <%
    String name ="Tom";
  %>
<br>
<p>HELLO,<%=name %>
</font>
</body>
</html>
```

运行结果如图3.1所示。

图3.1　hello.jsp运行结果

上面的JSP页面程序和我们前面学习过的HTML语言相比较,在HTML代码里面多了<%String name ="Tom";%>这样的代码。一个JSP文件就是在传统的HTML文件中加入了以"<%"和"%>"包含的Java的程序片断形成的以jsp为后缀的文件。在上面程序中,JSP页面将HTML代码和Java程序执行后的结果(将Tom赋值给了String类型的变量name)一起返回,根据实际需求的不同,Java程序中可以实现不同的操作,以建立动态网页的功能。

3.1.3　JSP的运行原理

JSP是基于Java技术的,当服务器上的一个JSP页面被第一次请求执行时,服务器上的Web容器首先将JSP页面文件转译成一个Java文件,再将这个Java文件编译生成字节码文件,然后通过执行字节码文件响应客户的请求。而当这个JSP页面再次被请求执行时,Web容器将直接执行这个字节码文件来响应客户,这就是JSP程序速度比较快的一个原因,如图3.2所示。

示例程序hello.jsp先被Web容器编译成Java文件,Java文件再被编译生成Java字节码,然后被解释执行,下面是在客户端查看到的代码。

```
<html>
<head><title>JSP</title>
</head>
<body>
<font>
```

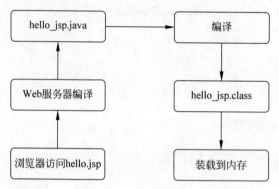

图 3.2 JSP 运行原理

```
<p>这是我们第一个 JSP 程序
<br>
<p>HELLO,Tom
</font>
</body>
</html>
```

JSP 程序被编译成 Java 代码的工作,是由 Web 容器来完成的。以 Tomcat 为例,如果 JSP 页面是在 Root 目录中被访问的,你可以查看 Tomcat 安装目录下的\work\Catalina\localhost_\org\apache\jsp 目录,找到 JSP 引擎生成的 JSP 页面的 Java 文件和编译后的字节码文件。如果 JSP 页面存放在我们给出的 Web 文件夹中,比如 myweb,那么可以在 Tomcat 安装目录下的\work\Catalina\localhost_\org\apache\jsp\myweb 目录中找到 JSP 引擎生成的 JSP 页面的 Java 文件和编译后的字节码文件。

3.2　JSP 基本结构

一个 JSP 文件可以理解为就是在传统的 HTML 文件中加入了以<%　%>包含的 Java 的程序片断形成的以 jsp 为后缀的文件。下面来看一个 JSP 的例子。

【示例代码 3.2】 展示 JSP 的基本结构。

源文件名称：jsp_demo.jsp

```
<%@ page contentType="text/html" pageEncoding="UTF-8"%>
<html>
<head>
</head>
<body>
<%String a ="欢迎来到";%>
<br>
<%=a%>
<br>
<%@include file="jsp_demo_include.jsp"%>
</body>
</html>
```

源文件名称：jsp_demo_include.jsp

```
<%@ page contentType="text/html" pageEncoding="UTF-8"%>
<html>
<head>
</head>
<body>
<% String b="非物质文化遗产研究中心";%>
<%=b%>
</body>
</html>
```

程序运行结果如图3.3所示。

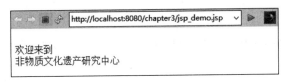

图3.3　jsp_demo.jsp页面输出

一个JSP页面通常可以由HTML代码、变量和方法的声明、Java程序片段、表达式、JSP的注释、JSP指令标记、JSP动作标记等元素组成。当然这些元素并不是JSP页面都必须有的,一个JSP页面可以只有以上页面元素中的几种或一种,例如示例代码3.2中的JSP页面包含了以下元素：HTML代码、JSP指令标记、变量的声明。

3.2.1　变量和方法的声明

1. 声明变量

声明变量用于在JSP页面中定义全局变量,通过声明标识定义的变量可以被整个JSP页面访问。

JSP声明变量的基本格式如下：

`<%! 声明变量的代码 %>`

声明是以<%!开始,以符号%>结束的,见上面的例子<%! int a = 1;%>。变量的类型可以是Java语言允许的任何数据类型,这些变量被称为JSP页面的成员变量。例如：

```
<%!
    int a = 100;
    String b = "声明变量";
    Date date;
%>
```

注意：每个变量声明必须以";"结尾,变量的作用范围是整个JSP页面,同时它只在一个JSP页面有效。

2. 声明方法

JSP声明方法的基本格式如下：

`<%! 声明方法的代码 %>`

方法的声明和变量的声明基本一样,声明的方法作用范围也是全局的,即每个方法在整个 JSP 页面有效。要注意的是,与全局变量不一样,在方法内定义的变量只在方法内有效。下面的例子中,通过调用声明的方法 getString()得到一个字符串。

【示例代码 3.3】 欢迎页面。

源文件名称:welcome.jsp

```
<%@ page contentType="text/html" pageEncoding="UTF-8"%>
<html>
<head>
</head>
<body>
<%!
String getString(){
return "欢迎来到非物质文化遗产研究中心";          //返回字符串
}
%>
<% String string=getString();               //调用方法,获取字符串 %>
<%=string %>
</body>
</html>
```

效果如图 3.4 所示。

图 3.4 welcome.jsp 输出效果

3. 声明类

如同上面的两种声明,JSP 页面中也可以进行类的声明,格式如下:

<%! 声明类的代码 %>

声明的类在 JSP 页面内有效,即 JSP 页面上的所有程序片段都能使用该类创建对象。

【示例代码 3.4】 定义 Category 类,输出该类的 toString 方法。

源文件名称:class.jsp

```
<%@ page contentType="text/html" pageEncoding="UTF-8"%>
<html>
<head>
</head>
<body>
<%!
public class Category {
    private Integer category_id;
    private String category_name;
    public Integer getCategory_id() {
        return category_id;
    }
```

```
        public void setCategory_id(Integer category_id){
            this.category_id = category_id;
        }
        public String getCategory_name(){
            return category_name;
        }
        public void setCategory_name(String category_name){
            this.category_name = category_name;
        }
        @Override
        public String toString(){
            return "Category [category_id=" + category_id + ", category_name=" + category_name + "]";
        }
    }
%>
<%
Category category=new Category();                    //创建对象并赋值
category.setCategory_id(1);
category.setCategory_name("简介");
%>
输出category对象的toString方法：
</br>
<%=category.toString()%>
</body>
</html>
```

效果如图3.5所示。

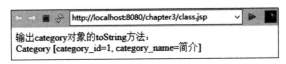

图3.5　class.jsp输出效果

3.2.2　Java程序片段

在HTML中插入的用<%和%>括起来的Java代码就是Java程序片段。Java程序片段是实现页面动态化的基础，在一个JSP页面上，可以有许多程序片段，每个程序片段可以包括任意长的代码，可以声明任意多的变量和方法。在一个程序片段中声明的变量称作JSP页面的局部变量，它们在JSP页面内的所有程序片段部分以及表达式部分内都有效，这些程序片段将被Web容器顺序执行。

【示例代码3.5】　程序片段执行。

源文件名称：part.jsp

```
<%@ page contentType="text/html" pageEncoding="UTF-8"%>
<html>
<head>
</head>
```

```
<body>
<%String part1="欢迎来到";%>
第一个程序片段
<br>
<%=part1 %>
<br>
<%String part2="非物质文化遗产研究中心";%>
第二个程序片段
<br>
<%=part2 %>
</body>
</html>
```

效果如图3.6所示。

图3.6 程序片段执行效果

3.2.3 表达式

表达式的JSP语法格式如下：

<%= 表达式 %>

表达式可以是任何Java语言的完整表达式，该表达式在JSP程序请求处理阶段计算它的值，所得的结果自动转化为字符串，然后插入到该表达式在JSP文件的位置。

【示例代码3.6】 包含表达式的JSP程序。

源文件名称：simple.jsp

```
<%@ page contentType="text/html" pageEncoding="UTF-8"%>
<%@ page import="java.util.*"%>
<html>
 <body>
 <p>表达式
   <%! int a = 12;%>
   <%! int b = 6 ;%>
 <p>两数的和等于：<%=a+b%>
 <p>两数的差等于：<%=a-b%>
 <p>两数的商等于：<%=a/b%>
</body>
</html>
```

效果如图3.7所示。

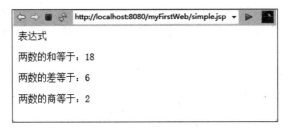

图 3.7 程序片段执行效果

3.2.4 JSP 注释

1. HTML 注释

HTML 注释的基本语法格式如下：

<!-- 注释(comment)[<%= 表达式(expression)%>] -->

HTML 注释被称为显示注释，以<!-- 符号开始，以--> 符号结束。注释部分是不会被服务器编译的，在请求处理阶段，直接将该内容发送到客户端。表达式部分将会被服务器编译器编译执行，然后将结果发送到客户端。

【示例代码 3.7】 HTML 注释。

源文件名称：comment01.jsp

```
<%@ page contentType="text/html" pageEncoding="UTF-8"%>
<%@ page import="java.util.*" %>
<html>
<head><title>HTML 注释</title></head>
<body>
<!--当前时间为: <%=(new java.util.Date()).toLocaleString() %>-->
<P>HTML 注释的例子
</body>
</html>
```

运行该 JSP，在显示结果页面，右击→查看源文件，代码文件如下所示：

```
<HTML>
<HEAD><TITLE>Html 注释</TITLE></HEAD>
<BODY>
<!--当前时间为: 2018-3-13 8:53:57-->
<P>Html 注释的例子
</BODY>
</HTML>
```

注释中的表达式被编译执行了，其他的部分原样输出。

2. JSP 注释

JSP 注释的基本语法格式如下：

<%-- 注释(comment)[<%= 表达式(expression)%>] --%>

JSP 注释通常被称为隐藏注释，以符号<%-- 开始，以符号 --%>结束，顾名思义，隐藏注

释就是能将注释隐藏,不被别人看见。在 JSP 页面中,JSP 运行时会忽略隐藏注释的内容,不对其进行编译,隐藏注释也不将内容发送到客户端,这样,在客户端查看源文件也发现不了。

还是上面的例子,把 HTML 注释改成隐藏注释:

【示例代码 3.8】 JSP 注释。

源文件名称:comment02.jsp

```
<%@ page contentType="text/html" pageEncoding="UTF-8"%>
<%@ page import="java.util.*" %>
<html>
<head><title>JSP 注释</title>
</head>
<body>
<%--当前时间为:<%=(new java.util.Date()).toLocaleString() %>--%>
<P>JSP 注释的例子
</body>
</html>
```

运行该 JSP,在显示结果页面,右击→查看源文件,代码文件如下所示:

```
<HTML>
<HEAD><TITLE>JSP 注释</TITLE></HEAD>
<P>JSP 注释的例子
</BODY>
</HTML>
```

3.3 page 指令

page 指令的基本语法格式如下:

```
<%@ page
[language = "java"]
[extends= "package.class"]
[import= "{package.class | package.*},..."]
[session= "true | false"]
[buffer= "none | 8k | sizekb"]
[autoFlush= "true | false"]
[isThreadSafe= "true | false"]
[info= "text"]
[errorPage ="relativeURL"]
[contentType= "TYPE;charset=CHARSET"]
[isErrorPage= "true | false"]
%>
```

page 指令是以符号<%@ 开始的,而以符号%>结束的,其中间的内容是 page 的属性。这些属性可以单独使用,也可以几个或所有的同时使用。page 指令用来定义 JSP 文件的全局属性,对这些属性的解释见表 3.1。

表 3.1　Page 属性介绍

属　性	描　述	默 认 值	例　子
language	声明使用脚本语言的种类,暂时只能是"java"	java	language=java
extends	标明 JSP 编译室需要加入的 java class 全名	无	extends=package.class
import	用于导入 Java 包或类的列表,之间用","隔开	无	import=java.util.*
session	指定一个 HTTP 会话是否使用 session 对象	true(使用 session 对象)	session=true
buffer	指定 JSP 对客户端输出缓冲区的大小,none 为不缓冲	8k	buffer=8k
autoFlush	如果 buffer 溢出,设置为 true 时,正常输出,设置为 false,出现异常	true	autoFlush=true
isThreadSafe	用来设置 JSP 文件是否能多线程使用。定义为 true,一个 JSP 能处理多个用户的使用,否则一个 JSP 一次只能处理一个请求	true	isThreadSafe=true
info	一个文本在执行 JSP 时将会被加入到 JSP 中	无	info=text
errorPage	处理异常事件时调用的 JSP 页面	无	errorPage=error.jsp
contentType	定义 JSP 页面响应的 MIME 类型	ISO-8859-1	contentType=text/html;charset=gb2312
isErrorPage	设置此页是否为其他页的 errprPage 目标	true	isErrorPage=true
isELIgnored	用来制定 EL(表达式语言)是否被忽略。ture 则忽略,false 则计算表达式的值	JSP2.0 默认为 false	isELIgnored=false
pageEncoding	JSP 页面的字符编码,其优先权高于 contentType	ISO-8859-1	pageEncoding=UTF-8

对于以上的属性设置,读者一定要记住的是,只有 import 属性可以重复出现多次,而对于其他属性只能出现在一次。在以上若干指令中,比较常用的是 contentType、pageEncoding、errorPage/isErrorPage 和 import 这 4 个指令。

3.3.1　设置页面编码

【示例代码 3.9】　为 JSP 页面指定编码。

源文件名称:page_demo01.jsp

```
<%@ page contentType="text/html;charset=UTF-8"%>
<html>
<head>
</head>
<body>
```

```
<center>
<h2>欢迎来到非物质文化遗产研究中心</h2>
</center>
</body>
</html>
```

本程序在 page 指令中指定了要使用的开发语言是 Java,然后通过 contentType 进行设置,本页面是按照 HTML 文本文件(text/html)进行显示,页面的编码(charset)是 UTF-8。程序运行结果如图 3.8 所示。

图 3.8 charset 指定页面编码

在 page 指令中也可以使用 pageEncoding 进行编码的指定,如下所示。

【示例代码 3.10】 使用 pageEncoding 指定编码。

源文件名称:page_demo02.jsp

```
<%@ page language="java" contentType="text/html" pageEncoding="UTF-8"%>
<html>
<head>
</head>
<body>
<center>
<h2>欢迎来到非物质文化遗产研究中心</h2>
</center>
</body>
</html>
```

本程序使用了 pageEncoding 属性,将整个页面的编码设置成 UTF-8。程序的运行结果如图 3.9 所示。

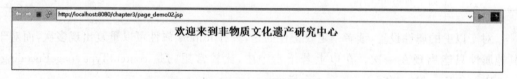

图 3.9 pageEncoding 指定页面编码

3.3.2 错误页的设置

在一些常用的 Web 站点中,读者经常会发现这样的功能:当一个页面出错后,会自动跳转到一个页面上进行错误信息的提示,实现这个操作,可以通过错误页来指定。

要进行错误页的设置,一定要完成以下两步工作:

(1) 指定错误出现时的跳转页,通过 errorPage 属性指定。

(2) 错误处理页必须有明确的标识,通过 isErrorPage 属性指定。

如果一个 JSP 页面运行时出现了错误,会通过 errorPage 指定的页面进行跳转,被跳转的页面中必须将 isErrorPage 属性设置为 true。

【示例代码 3.11】 会出现错误的页面。

源文件名：show.jsp

```
<%@ page language="java" contentType="text/html" pageEncoding="UTF-8"%>
<%@ page errorPage="error.jsp" %><%--一旦出现错误之后将跳转到error.jsp中--%>
<html>
<head><title>Page 指令</title></head>
<body>
<%
    int result = 10 / 0 ;                           //这里操作将发生异常
%>
<h1>欢迎光临本页面!</h1>
</body>
</html>
```

本程序在计算"10/0"时将产生计算异常，而由于程序指定了 errorPage，所以一旦发生异常，页面将跳转到 error.jsp 显示。

【示例代码 3.12】 错误信息显示页面。

源文件名：error.jsp

```
<%@ page language="java" contentType="text/html" pageEncoding="UTF-8"%>
<%@ page isErrorPage="true"%>
<html>
<head><title>Page 指令</title></head>
<body>
<h1>程序发生异常,我们将尽快修正,请包涵!</h1>
</body>
</html>
```

运行 show.jsp 页面，因为此页面发生异常，所以会自动跳转到 error.jsp 进行显示，如图 3.10 所示。

图 3.10　错误页运行结果

从以上运行结果可以发现，一旦发生错误，show.jsp 页面的显示内容将变成 error.jsp 中的显示内容，但是地址栏上依然是 show.jsp。也就是说，此时，内容显示虽然改变了，但是地址栏并没有改变，这样的跳转，在程序中称为服务器端跳转。与之相对应的是客户端跳转，如果程序跳转后，页面的地址栏发生改变了，则此种跳转属于客户端跳转。例如，通过超链接，可以让一个页面跳转到其他页面，但是跳转后地址栏路径发生了改变，这种跳转就属于客户端跳转。

以上的错误页是在每一个 JSP 页面中指定，当然，也可以在整个虚拟目录中指定全局的错误处理，要想达到这个效果，就必须修改 web.xml 文件，在其中加入错误页的操作。

全局的错误处理可以处理两种类型的错误，一种是 HTTP 代码错误，如 404 或 500；还有一种是异常错误,如 NullPointerException 等。

【示例代码 3.13】 修改 web.xml 文件加入错误处理。

源文件名称:web.xml

```
<error-page>
    <error-code>500</error-code>
    <location>/jsp3/error.jsp</location>
</error-page>
<error-page>
    <error-code>404</error-code>
    <location>/jsp3/error.jsp</location>
</error-page>
<error-page>
    <exception-type>java.lang.NullPointerException</exception-type>
    <location>/jsp3/error.jsp</location>
</error-page>
```

以上配置表示,如果在项目中出现了 404 或 500 的 HTTP 状态码,或者出现了空指针异常(NullPointerException),则会跳转到 jsp3/error.jsp 页面进行显示。但是此时跳转过去,地址栏同样不会有任何变化,所以依然是服务器端跳转。

注意:有时候可能出现无法跳转的错误页面。如果出现了无法显示 error.jsp 页面的情况,则有可能是 Tomcat 将 error.jsp 也认为是出现了错误,从而无法跳转,此时,可以直接在 error.jsp 中编写以下语句:

```
<%@ page language="java" contentType="text/html" pageEncoding="UTF-8"%>
<%@ page isErrorPage="true"%>
<% response.setStatus(200); %>
<h1>程序发生异常,我们将尽快修正,请包涵!</h1>
```

此语句设置了一个 200 的 HTTP 状态码,表示本页没有错误,可以正确显示。

3.4 包含指令

3.4.1 静态包含指令

静态包含指令 include 的基本语法格式如下:

```
<%@ include file=filename %>
```

include 指令的作用是在 JSP 页面中包含一个文件,同时由 JSP 解析包含的文件内容。这个被包含的文件内容可以是 HTML 文件、JSP 文件、文本文件或者是一段 Java 代码。当用 include 指令将文件包含到 JSP 中去的时候,这个包含的过程是静态的,称之为静态包含。静态包含是指这个被包含的文件将被插入到 JSP 文件中<%@ include%> 所在的地方,然后由 JSP 统一编译执行。所以,在包含过程中,被包含的文件中尽量不要使用<html>、</html>、<body>、</body>标记,免得影响原 JSP 中的标记。另外,被包含文件中的 page 指令(除了 import)也不能和原 JSP 文件中的 page 指令重复。

【示例代码 3.14】 静态包含一个文件。

源文件名称：jsp_demo.jsp

```
<%@ page contentType="text/html" pageEncoding="UTF-8"%>
<html>
<head>
</head>
<body>
<%String a ="欢迎来到";%>
<br>
<%=a%>
<br>
<%@include file="jsp_demo_include.jsp"%>
</body>
</html>
```

【示例代码 3.15】 被包含文件。

源文件名称：jsp_demo_include.jsp

```
<%@ page contentType="text/html" pageEncoding="UTF-8"%>
<html>
<head>
</head>
<body>
<% String b="非物质文化遗产研究中心";%>
<%=b%>
</body>
</html>
```

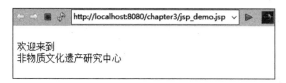

图 3.11 静态包含文件效果显示

3.4.2 动态包含指令

动态包含指令<jsp:include>的语法格式如下：

<jsp:include page=filename flush=true | false/>或
<jsp:include page=filename flush=true | false>
</jsp:include>

<jsp:include>动作标签的作用是让当前JSP页面动态地包含一个文件，即JSP页面运行时才将包含的文件加入。

前面我们已经介绍过，静态的包含是指这个被包含的文件被插入到JSP文件中<%@include%>所在的地方，然后由JSP统一编译执行，而动态包含在JSP编译JSP页面时，并不把JSP页面中包含的文件合并到JSP页面上来，而是由JSP容器单独编译执行这

个文件,然后将执行的结果包含到 JSP 页面,再由 JSP 容器将结果一起发送到客户端。在该语法格式中,page 用来指定包含的文件,flush 指示在读入包含文件之前是否清空现有的缓存区,在 JSP1.1 中,必须将 flush 设为 true,在 JSP1.2 及更高版本中,一般默认为 false。

【示例代码 3.16】 动态包含一个文件。

源文件名称:include_demo.jsp

```
<%@ page contentType="text/html" pageEncoding="UTF-8"%>
<html>
<head>
</head>
<body>
<%String a ="欢迎来到";%>
<br>
<%=a%>
<br>
<jsp:include page="jsp_demo_include.jsp" flush="true"/>
</body>
</html>
```

显示效果如图 3.7。

比较静态包含和动态包含的两个例子,在静态包含时,include_demo.jsp 将 jsp_demo_include.jsp 包含进来一起编译执行;而动态包含则是各自编译执行,include_demo.jsp 只是将 jsp_demo_include.jsp 的执行结果包含,然后编译执行。

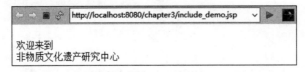

图 3.12 动态包含文件效果显示

3.5 跳转指令

跳转指令<jsp:forward>的语法格式如下:

```
<jsp:forward page=url|"表达式"/>或
<jsp:forward page=url|"表达式">
<jsp:param name=paramName value=paramValue>
……
</jsp:forward>
```

<jsp:forward>动作标签的作用是根据客户端请求从一个 JSP 文件转发到另外一个文件。该文件可以是 JSP、Servlet 或者静态资源文件。<jsp:forward>以下部分的程序段将被中止,转而执行被转发的请求。在该语法格式中,page 的值可以是字符串,也可以是一个表达式,用来表示用来转发的文件或 URL。在<jsp:param name="paramName" value="paramValue">中,name 指定传递的参数名,value 指定参数值。参数可以是一个或多个,这时候,目标必须是动态文件。

【示例代码 3.17】 执行跳转页面。

源文件名称：forward_demo01.jsp

```jsp
<%@ page contentType="text/html" pageEncoding="UTF-8"%>
<html>
<head>
</head>
<body>
<%
  String part1 = "welcom to" ;
%>
<jsp:forward page="forward_demo02.jsp">
  <jsp:param name="part1" value="<%=part1%>"/>
  <jsp:param name="part2" value="Research Center for Intangible Cultural Heritage"/>
</jsp:forward>
</body>
</html>
```

【示例代码 3.18】 在跳转后的页面中进行参数的接收。

源文件名称：forward_demo02.jsp

```jsp
<%@ page contentType="text/html" pageEncoding="UTF-8"%>
<h1>这是跳转之后的页面</h1>
<h2>参数一：<%=request.getParameter("part1")%></h2>
<h2>参数二：<%=request.getParameter("part2")%></h2>
```

以上程序执行 forward_demo01.jsp 会自动跳转到 forward_demo02.jsp 页面，并将两个参数传递到 forward_demo02.jsp 中显示。执行的结果如图 3.8 所示。

图 3.13　页面跳转效果

请注意此时页面虽然跳转到了 forward_demo02.jsp 页面上，但是地址栏的显示路径依然是 forward_demo01.jsp，此种跳转属于服务器端跳转。

3.6　本章小结

(1) 在 JSP 中分为 3 种 Scriptlet，即<%! %>、<% %>和<%= %>，JSP 页面可以理解为由 HTML 文件加上 Scriptlet 代码组成的动态网站页面。

(2) HTML 注释不会被服务器编译，会直接发送到客户端，格式为：<!-- -->；JSP 注释是隐藏注释，不将内容发送到客户端，格式为：<%-- --%>。

（3）Page 指令用来定义 JSP 文件的全局属性，并且除了 import 属性可以重复出现多次，其他属性都只能出现一次。

（4）JSP 中的包含语句分为两种：静态包含和动态包含。静态包含属于先包含后处理，动态包含属于先处理后包含。

（5）使用<jsp:forward>可以执行跳转操作，跳转后地址栏不改变，这种跳转属于服务器跳转。

第 4 章

JSP常用内置对象

本章目标：

- 了解 JSP 的 9 个内置对象
- 理解 JSP 的作用域
- 掌握 request 对象
- 掌握 response 对象
- 掌握 session 对象
- 掌握 application 对象
- 掌握 out 对象

4.1 JSP 内置对象及作用域概述

为了简化页面开发，JSP 提供了一些可在脚本中直接使用的内置对象（不需要在使用它们之前进行声明）。使用这些对象可以使用户更容易收集、响应、存储客户端发送的请求信息息，从而大大简化 Java Web 开发。JSP 中的内置对象是 Web 程序开发中最为重要的知识，本章将介绍并详细讲解 5 个常用的内置对象。

4.1.1 JSP 内置对象

JSP 容器共提供了 9 个内置对象，这些内置对象将由容器为用户进行实例化，用户直接使用即可，而不用像在 Java 中那样，必须通过关键字 new 进行实例化对象后才可以使用。JSP 中的 9 个内置对象如表 4.1 所示。

表 4.1 JSP 中的 9 个内置对象

NO.	内置对象	类型	描述
1	pageContext	javax.servlet.jsp.PageContext	JSP 的页面容器
2	request	javax.servlet.http.HttpServletRequest	得到用户的请求信息
3	response	javax.servlet.http.HttpServletResponse	服务器向客户端的回应信息
4	session	javax.servlet.http.HttpSession	用来保存每一个用户的信息
5	application	javax.servlet.ServletContext	保存所有用户的共享信息
6	config	javax.servlet.ServletConfig	服务器配置,可以取得初始化参数
7	out	javax.servlet.http.HttpSession	页面输出
8	page	java.lang.Object	该页面中一个 Servlet 实例
9	exception	java.lang.Throwable	表示 JSP 页面所发生的异常,在错误页中才起作用

以上 9 个内置对象中比较常用的是 request、response、session、application、out。在使用内置对象时,读者要结合其作用域去理解并掌握。

4.1.2 JSP 的作用域

作用域指的是一个上下文,在这个上下文中数据被关联或者存储。简单地说,作用域就是一个对象可以在多大程度上被一个应用程序所使用。

例如:现实生活中我们会访问 163 网站,在输入用户名和密码之后,如果我们所选择的登录方式为网易通行证,登录以后就可以任意访问 163 的论坛、邮箱、博客、相册等,而不需要每个板块都去登录。我们提交的用户名和密码在整个应用程序也就是整个网站都有效,也就是说它的作用域是整个应用程序。

如果我们选择登录的方式是 163 邮箱,在访问其他板块的时候必须得重新登录。这时候提交的信息只是邮箱密码验证的时候起作用,也就是说它的作用域是两个页面之间。

在 Web 应用程序中,我们可以把作用域分成几个部分,如图 4.1 所示。

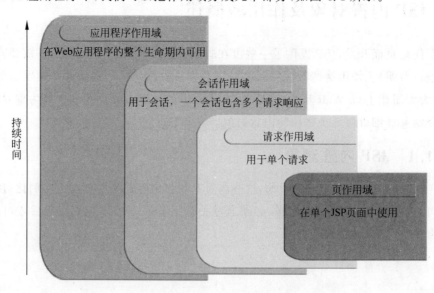

图 4.1　Web 中的作用域

- 页作用域：页作用域的对象只允许在所建页面中访问。对象引用存储在 pageContext 中。
- 请求作用域：如果多个页面服务同一个请求，那么，请求作用域的对象可供这些 JSP 页面访问。对象引用存储在 request 中。
- 会话作用域：一个会话代表某个客户机的一个用户体验相关的对象和属性，会话可以包含多个请求/响应操作。对象引用存储在 session 中。
- 应用程序作用域：在 Web 应用程序活动期间，应用程序作用域的对象一直存在，对象引用存储在 application 中。

内置对象不需要我们自己去实例化就可以使用，由容器实现和管理。下面重点介绍几种内置对象的使用。

4.2 request 对象

request 对象包含的是客户端向服务器发出请求的内容，即该对象封装了用户提交的请求。这个请求可以发送给当前 JSP 页面，也可以由 JSP 的动作标签 forward 发送到另外的 JSP 或者 Servlet 中去，这样，请求是可以跨越一个甚至多个 Servlet 或 JSP 页面的，由客户端发出的请求数据和另外的 Servlet 或者 JSP 页面提供的数据都是可以存储在 request 作用域中的。request 对象在服务器启动时自动创建，是 javax.servlet.http.HttpServletRequest 接口的一个实例。

4.2.1 获取客户提交的信息

当客户端浏览器发送一个请求后，用户的提交信息封装在 request 对象中，request 对象获取客户提交信息的最常用的方法是 getParameter(String s)。

【示例代码 4.1】 用户提交用户名和密码的页面。

源文件名称：request_demo01.jsp

```jsp
<%@ page contentType="text/html" pageEncoding="UTF-8"%>
<html>
<head><title>Request</title>
</head>
<body>
<h1>非物质文化遗产研究中心登录</h1>
<form action="request_demo02.jsp" method="POST">
    用户名:<input type="text" name="name"><br>
    密  码:<input type="text" name="password">
        <input type="submit" name="submit" value="提交">
</form>
</body>
</html>
```

【示例代码 4.2】 用 request.getParameter(String s) 获取客户提交的信息。

源文件名称：request_demo02.jsp

```jsp
<%@ page contentType="text/html" pageEncoding="UTF-8"%>
<html>
<head><title>Request</title>
</head>
<body>
<%
        String name = request.getParameter("name");
        String password = request.getParameter("password");
%>
<p>输出用户提交的数据:
<p>用户名:<%=name%>
<p>密  码:<%=password%>
</body>
</html>
```

运行 request_demo01.jsp 程序,如图 4.2 所示。用户输入登录信息:

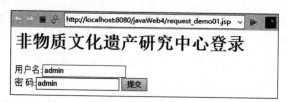

图 4.2 用户登录

单击【提交】按钮,转到 request_demo02.jsp 页面执行,显示用户提交的信息,结果如图 4.3 所示。

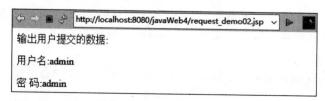

图 4.3 用户提交的信息

4.2.2 处理汉字信息

当输入的用户名和密码是汉字时,比如用户名输入"星星",密码输入"月亮",如图 4.4 所示,单击【提交】按钮后,显示结果如图 4.5 所示。

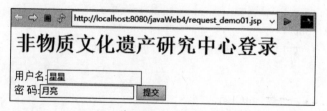

图 4.4 输入汉字

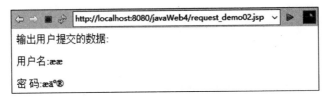

图 4.5　显示乱码的页面

　　JSP 运行在 Web 服务器端，这里的 Web 服务器是 Tomcat，Tomcat 默认的字符集是 ISO-8859-1，Tomcat 编译执行了 JSP，将结果返回给浏览器显示出来。而浏览器一般的默认字符集是简体中文（GB2312）。为了使各种字符都显示正常，通常我们将编码设置为 "UTF-8" 编码。看下面的例子：

【示例代码 4.3】　处理汉字信息。

源文件名称：request_demo03.jsp

```
<%@ page contentType="text/html" pageEncoding="UTF-8"%>
<html>
<head><title>Request</title>
</head>
<body>
<%
    String name = request.getParameter("name");
    name = new String(name.getBytes("ISO-8859-1"),"UTF-8");
    String password = request.getParameter("password");
    password = new String(password.getBytes("ISO-8859-1"),"UTF-8");
%>
<p>输出用户提交的数据：
<p>用户名:<%=name%>
<p>密　码:<%=password%>
</body>
</html>
```

　　修改 request_demo01.jsp 中的代码为<form action="request_demo03.jsp" method="POST">然后运行，在"用户名"和"密码"框分别输入"星星""月亮"，单击【提交】按钮，就可以看到汉字正常显示了，效果如图 4.6 所示。

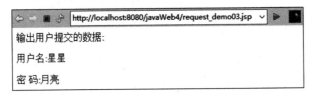

图 4.6　编码转换后的显示结果

　　也可以直接通过 setCharacterEncoding() 方法设置一个统一的编码来实现编码转换。

【示例代码 4.4】　通过 setCharacterEncoding() 方法设置统一编码。

源文件名称：request_demo04.jsp

```
<%@ page contentType="text/html" pageEncoding="UTF-8"%>
```

```
<html>
<head><title>Request</title>
</head>
<body>
<%
    request.setCharacterEncoding("UTF-8");
    String name = request.getParameter("name");
    String password = request.getParameter("password");
%>
<p>输出用户提交的数据：
<p>用户名:<%=name%>
<p>密 码:<%=password%>
</body>
</html>
```

修改 request_demo01.jsp 中的代码为< form action="request_demo04.jsp" method="POST">同样在"用户名"和"密码"框分别输入"星星""月亮",单击【提交】按钮,汉字也能正常显示,显示效果与图 4.6 一样。

4.2.3 常用方法举例

当客户提交一个登录信息时,客户提交的信息不光包括用户名和密码,还包括很多其他的信息,比如客户端的 IP 地址、客户端的名字、向服务器端发送数据的方式、HTTP 协议定义的文件头信息等,服务器端相应执行客户的请求后,不光是把响应内容发送给客户端,同时发给客户端的还有服务器地址、服务器端口等信息。

request 对象定义了很多方法来获得这些信息,常用的方法如下:

- getCookies():返回客户端的 cookie 对象,结果是一个 cookie 数组。
- getHeader(String name):获得 HTTP 协议定义的传递文件头信息。
- getAttribute(String name):返回 name 指定的属性值,如果不存在,则返回 null。
- getAttributeName():返回 Request 对象所有属性的名字,结果是一个 Enumeration(枚举)类的实例。
- getHeaderNames():返回所有 Request Header 的所有值,结果为枚举类型。
- getHeaders(String name):返回指定名字的所有值,结果为枚举类型。
- getParameter(String name):获得客户端传给服务器的参数,由 name 指定。
- getParameterNames():获得客户端传给服务器的所有参数的名字,结果是枚举类型。
- getParameterValues(String name):获得指定参数的所有值。
- getRequestURL():获得发出请求字符串的客户端地址。
- getServletPath():获得客户端所请求的脚本文件的文件路径。
- getAttribute(String name):获得 name 指定的属性值。
- getServerName():获得服务器的名字。
- getServerPort():获得服务器端口。
- getRemoteAddr():获得客户端 IP 地址。
- getRemoteHost():获得客户端计算机名字,如果失败,返回客户端 IP。

- getMethod()：获得客户端向服务器传送数据的方式，如 get、post。

【示例代码 4.5】 通过 request 对象的其他方法获得其他的参数。

源文件名称：request_demo05.jsp

```jsp
<%@ page contentType="text/html" pageEncoding="UTF-8"%>
<html>
<head><title>Request</title>
</head>
<body>
<%
    request.setCharacterEncoding("UTF-8");
    String name = request.getParameter("name");
    String password = request.getParameter("password");
    out.println("<br>getMethod: "+request.getMethod());
    out.println("<br>getContentType: "+request.getContentType());
    out.println("<br>getLocale: "+request.getLocale());
    out.println("<br>getRemoteAddr: "+request.getRemoteAddr());
    out.println("<br>getRemoteHost: "+request.getRemoteHost());
    out.println("<br>getServerName: "+request.getServerName());
    out.println("<br>getServerPort: "+request.getServerPort());
    out.println("<br>getServletPath: "+request.getServletPath());
    out.println("<br>getParameterNames: "+request.getParameterNames());
    out.println("<br>getAttributeNames: "+request.getAttributeNames());
%>
<p>输出用户提交的数据：
<p>用户名:<%=name%>
<p>密  码:<%=password%>
</body>
</html>
```

修改 request_demo01.jsp 中的代码为< form action="request_demo05.jsp" method="POST">，然后运行，在输入框输入"星星""月亮"，单击【提交】按钮，显示结果如图 4.7 所示。

图 4.7 request 方法示例显示结果

4.2.4 用户登录

下面我们通过一个用户登录的例子加深对 request 对象的理解。用户在 login.jsp 页面输入姓名和密码提交登录,当 request 对象获取用户提交的信息后,如果接收到的用户名是"admin",密码是"admin",则跳转到欢迎页 welcomeLogin.jsp,否则回到登录页 userLogin.jsp。

【示例代码 4.6】 用户登录。

源文件名称:userLogin.jsp

```jsp
<%@ page contentType="text/html" pageEncoding="UTF-8"%><html>
<head><title>非物质文化遗产研究中心登录</title>
</head>
<body>
<h1>非物质文化遗产研究中心登录</h1>
<form action="verificationLogin.jsp" method="POST">
    用户名:<input type="text" name="userName"><br>
    密  码:<input type="text" name="password"><br>
    <input type="submit" name="submit" value="登录">
</form>
</body>
</html>
```

【示例代码 4.7】 接受用户登录信息,并判断用户名是否有效。

源文件名称:verificationLogin.jsp

```jsp
<%@ page contentType="text/html" pageEncoding="UTF-8"%>
<html>
<head><title>verification</title>
</head>
<body>
<%
    request.setCharacterEncoding("UTF-8");
    String userName = request.getParameter("userName");
    String password = request.getParameter("password");
    if(userName!=null && userName.equals("admin") && password!=null && password.equals("admin"))
    {
        //若用户名或密码正确,则跳转到欢迎页
        request.getRequestDispatcher("/welcomeLogin.jsp").forward(request, response);
    }
    else {
        //若用户名或密码不正确,则跳转回登录页
        request.getRequestDispatcher("/userLogin.jsp").forward(request, response);
    }
%>
</body>
</html>
```

【示例代码 4.8】 欢迎页,显示用户登录信息。

源文件名称:welcomeLogin.jsp

```
<%@ page contentType="text/html" pageEncoding="UTF-8"%>
<html>
<head><title>欢迎</title>
</head>
<body>
<%
  request.setCharacterEncoding("UTF-8");
  String userName = request.getParameter("userName");
%>
<h3>
欢迎<%=userName %>进入非物质文化遗产研究中心!
</h3>
</html>
```

运行 userLogin.jsp 程序如图 4.8 所示,用户输入用户名和密码。

图 4.8　登录输入信息

单击[提交]按钮,转到 verificationLogin.jsp 页面,首先由 request 对象取得客户端传过来的用户名字和密码,判断是否是以管理员身份登录,如果是,则显示欢迎页面,否则转回登录页,运行结果如图 4.9 所示。

图 4.9　登录成功显示结果

4.3　response 对象

与 request 对象相对应的是 response 对象,response 对象封装 JSP 产生的响应,然后将响应发送给客户端。response 对象的主要方法如下:
- setContentType():设置响应的 MIME 类型。
- setHeader(String name,String value):设置指定名字的 Http 文件头的值,如果该值已经存在,则新值会覆盖原有的旧值。
- sendRedirect(String url):把响应引导到另外一个位置进行处理。
- sendError(int err):向客户端发送错误的信息。
- addCookie(Cookie cook):添加一个 Cookid 对象。
- addHeader(String name,String value):添加 Http 文件头信息。如果有同名的 Header,覆盖原有的 Header。

- getBufferSize()：返回缓冲区的大小。

下面重点介绍其中的几种方法。

4.3.1 动态响应 contentType 属性

当客户端请求访问 JSP 页面后，Web 服务器响应客户的请求并将响应的内容返回给客户，该内容返回给客户的形式以 JSP 页面上 page 指令设置的 contentType 属性的值为依据。比如 contentType 的值是"text/html"，响应内容以 html 的格式返回给客户。page 指令只能为 contentType 属性指定一个值来确定响应的 MIME 类型。

提示：MIME（Multipurpose Internet Mail Extensions），多功能网际邮件扩充协议。MIME 类型就是设定某种文件用一种应用程序打开的方式，当把结果传送到浏览器上的时候，浏览器就会自动启动相应的应用程序来打开。

response 提供了动态改变 contentType 属性的方法，用 response.setContentType(String str)方法来设置 contentType 的属性值。参数 str 的值有很多种，比如"text/html" "text/plain" "image/jpeg" "application/msword" "application/vnd.ms-excel"等。在程序中设置 contentType 的属性为"application/msword"，这时候响应内容应该以 Word 的格式返回给客户端。

【示例代码 4.9】 动态响应 contentType 的属性。

源文件名称：request_demo06.jsp

```jsp
<%@ page contentType="text/html" pageEncoding="UTF-8"%>
<html>
<head><title>Request</title>
</head>
<body>
<%
response.setContentType("application/msword");          //设置 contentType
    String name = request.getParameter("name");
    String password = request.getParameter("password");
    out.println("<br>getMethod: "+request.getMethod());
    out.println("<br>getContentType: "+request.getContentType());
    out.println("<br>getLocale: "+request.getLocale());
    out.println("<br>getRemoteAddr: "+request.getRemoteAddr());
    out.println("<br>getRemoteHost: "+request.getRemoteHost());
    out.println("<br>getServerName: "+request.getServerName());
    out.println("<br>getServerPort: "+request.getServerPort());
    out.println("<br>getServletPath: "+request.getServletPath());
    out.println("<br>getParameterNames: "+request.getParameterNames());
    out.println("<br>getAttributeNames: "+request.getAttributeNames());
%>
<p>name:<%=name%>
<p>password:<%=password%>
</body>
</html>
```

修改 request_demo01.jsp 中的代码为<form action="request_demo06.jsp" method="POST">，然后运行，在输入框输入"Tom""123456"，单击【提交】按钮，显示结果如图 4.10 所示。

第4章　JSP常用内置对象

图 4.10　响应信息以 word 形式返回

单击【打开】按钮，可以看到，显示结果以 word 的格式展示，程序结果如图 4.11 所示。

图 4.11　客户提交信息以 Word 展示结果

4.3.2　response 的 HTTP 文件头

服务器端应答客户端的请求时，有许多任务需要插入到 HTTP 头的字段中作为响应，比如设置 cookie，指定修改日期，指示浏览器按照指定的间隔刷新页面等，response 对象可以使用 addHeader(String head, String value)或者 setHeader(String head, String value)动态地添加新的响应头和值，并把这些发送给客户端。

【示例代码 4.10】　添加 HTTP 文件头，显示当前时间，5 秒刷新一次。

源文件名称：response_demo01.jsp

```
<%@ page contentType="text/html" pageEncoding="UTF-8"%>
<html>
<body><font size=4>
<P>现在的时间是:</br>
```

```
<%
    out.println(" " +(new java.util.Date()).toLocaleString());
    response.setHeader("Refresh","5");              //添加一个响应头 refresh,其头值是 5
%>
</font>
</body>
</html>
```

4.3.3 response 重定向

在某些情况下,当响应客户时,需要将客户重新引导至另一个页面。例如上面客户注册的例子,当客户没有输入用户名或者用户名没有按我们的要求输入就提交,我们就要求客户返回到 reg.jsp 页面重新输入用户名。可以使用 response 对象的 sendRedirect(String url) 方法实现客户的重定向,该语句后面的代码不再执行,转向执行 url 指定的地方。

【示例代码 4.11】 接收客户端提交的信息,实现客户注册当客户的用户名为空时,重定向到 reg 页面,重新输入信息。

源文件名称:login.jsp

```
<%@ page contentType="text/html" pageEncoding="UTF-8"%>
<%@ page import="java.util.*" %>
<html>
<head><title>Request</title>
</head>
<body>
<%
        request.setCharacterEncoding("UTF-8");
        String name = request.getParameter("name");
         if(name==null||name.equals(""))
         {
                    response.sendRedirect("reg.jsp");
         }
         else
         {
             out.print("<BR>"+"您已经注册成功");
             out.print("<BR>"+"您注册的名字是:"+name);
         }
%>
</body>
</html>
```

【示例代码 4.12】 用户注册页。

源文件名称:reg.jsp

```
<%@ page contentType="text/html" pageEncoding="UTF-8"%>
<html>
<head><title>Request</title>
</head>
<body>
<h1>非物质文化遗产研究中心用户注册</h1>
```

```
<form action=" response_demo02.jsp" method="POST">
    用户名:<input type="text" name="name"><br>
    密  码 :<input type="text" name="password">
    <input type="submit" name="submit" value="提交">
</form>
</body>
</html>
```

运行 reg.jsp,name 框不输入任何信息,单击【提交】提交,显示结果回到 reg.jsp 页面,输入要注册的用户名和密码,显示结果如图 4.12 所示。

图 4.12　注册成功

4.4　session 对象

在应用程序中,对于每个新会话,都会产生一个 session 对象,这个对象只有当会话结束时才被释放。session 对象被封装在 javax.servlet.http.HttpSession 接口中。

4.4.1　session 对象的 ID

当一个客户发出请求访问服务器,服务器首先检查这个请求是否包含了 session 标识,如果存在 session 标识,服务器通过这个标识检索出与它对应的 session 对象直接使用,如果是一个新的会话,服务器会给该客户产生一个 session 对象,该对象对应一个唯一的标识 sessionId,用这个 sessionId 来区别于其他的客户,这个 sessionId 将被在本次响应中返回给客户端保存。

4.4.2　session 对象与 URL 重写

session 的 id 是存放在客户端的 cookie 中的。如果浏览器支持 cookie,就可以直接使用 cookie 把 session id 传递给服务器,保证了在一个会话中 session 对象是相同的。如果浏览器不支持 cookie 或者禁止使用 cookie,为了能够把 session id 传递给服务器,我们可以通过 URL 重写来实现 session 对象的唯一性。URL 重写就是把 session id 直接附在 URL 路径的后面,附加的方式有两种,一种是把 session id 作为 URL 路径的附加信息,例如:http://www.xxx.com;sessionid=as2orusaqilo1n7j72umo22fhj;另一种是作为查询字符串附加在 URL 后面,例如:http://www.xxx.com? sessionid=as2orusaqilo1n7j72umo22fhj。

cookie 是由 Web 服务器放在你硬盘上的非常小的文本文件,它用来帮助系统记住你的身份和信息。cookie 的内容主要包括:名字,值,过期时间,路径和域,服务器通过在 HTTP 的响应中加上一行特殊的指示以提示浏览器按照指示生成相应的 cookie,将生成的 cookie 写入客户端硬盘。当客户端再次访问服务器时,浏览器检查硬盘存储的 cookie,如果某个 cookie 所声明的作用范围大于等于将要访问资源所在的位置,并且 cookie 的有效期没有超过设定的过期时间,浏览器就会把 cookie 附在 HTTP 请求文件头上发送给服务器。

4.4.3 session 对象常用的方法

session 对象的主要方法如下：
- getAttribute(String name)：获取指定名字相关联的属性。
- getAttributeNames()：返回 session 对象中存储的每一个属性对象,结果是一个枚举类型。
- getId()：返回 session 的唯一标识。
- removeAttribute(String name)：删除指定 name 相关联的属性。
- setAttribute(String name,java.lang.Object value)：设置指定 name 的属性值 value,并将它存储在 Session 对象中。
- invalidate()：销毁这个 session 对象,使得和它绑定的对象都失效。
- getCreationTime()：返回 session 创建的时间,最小值是毫秒。
- getMaxInactiveInterval()：返回 session 对象的生存时间,负值表示永远不会超时,单位为秒。

下面我们来看一个 session 对象的实例：根据不同的角色登录到不同的工作页面,程序中用 session 记录用户的登录角色,然后根据角色决定用户跳转到哪个页面。

【示例代码 4.13】 登录页面。

源文件名称：session_login.jsp

```
<%@ page contentType="text/html" pageEncoding="UTF-8"%>
<html>
<head><title>Session</title></head>
<body>
<h1>非物质文化遗产研究中心用户登录</h1>
<form action="session_check.jsp" method="POST">
    用户名：<input type="text" name="name"><br>
    密  码：<input type="text" name="password"><br>
        <input type="radio" name="type" value="admin">管理员
        <input type="radio" name="type" value="user">普通用户
        <input type="submit" name="submit" value="提交">
</form>
</body>
</html>
```

【示例代码 4.14】 取得用户名,用户名为空则回到登录页。

源文件名称：session_check.jsp

```
<%@ page contentType="text/html; charset=UTF-8" %>
<html>
<head><title>Session</title>
</head>
<body>
<%
    String name=request.getParameter("name");
```

```jsp
            String password = request.getParameter("password");
            String type = request.getParameter("type");
            if(name!=null&&!name.equals("")){
               session.setAttribute("name",name);
               session.setAttribute("type",type);
               response.sendRedirect("success.jsp");
            }else{
               out.println("name不能为空!!");
               response.sendRedirect("session_login.jsp");
            }
        }
%>
</body>
</html>
```

【示例代码 4.15】 根据登录类型判断客户该去哪个页面。

源文件名称：success.jsp

```jsp
<%@ page contentType="text/html;charset=UTF-8" %>
<html>
<head><title>Session</title>
</head>
<body>
<h1>
        登录成功,欢迎<%=session.getAttribute("name")%>!!</br>
</h1>
<%
        if(session.getAttribute("type").equals("admin")){
%>
   <a href="write.jsp">管理</a>
<%
        }else{
%>
   <a href="read.jsp">查看</a>
<%}%>
</body>
</html>
```

本例中的 write.jsp 和 read.jsp 两个测试页面读者可以自行完成。

4.4.4 登录及注销

在各系统中几乎都会包括用户登录验证及注销功能,此功能完全可以使用 session 实现。思路如下:用户登录成功后,设置一个 session 范围的属性,然后在其他需要验证的页面中判断是否存在此 session 范围的属性,如果存在,则表示已经是正常登录过的合法用户;如果不存在,则给出提示,并跳转回登录页面提示用户重新登录,用户登录后可以进行注销操作。本示例程序需要如表 4.2 所示的几个 JSP。

表 4.2 登录注销程序页面列表

NO.	页面	描述
1	admin_login.jsp	登录页面,如果登录成功(lixiyong/123456),则保存属性,并跳转到 welcome.jsp;如果登录失败,则显示登录失败信息。
2	welcome.jsp	用户登录成功后显示登录成功的信息。
3	admin_logout.jsp	注销页面,注销后页面跳转到 admin_login.jsp 页面。

【示例代码 4.16】 编写表单并执行验证。

源文件名称:admin_login.jsp

```jsp
<%@ page contentType="text/html" pageEncoding="UTF-8"%>
<html>
<head><title>session 示例程序</title></head>
<body>
<form action="admin_login.jsp" method="post">
用户名:<input type="text" name="uname"><br>
密码:<input type="password" name="upass"><br>
<input type="submit" value="登录">
<input type="reset" value="重置">
</form>
<%
String name = request.getParameter("uname");
String password = request.getParameter("upass");
//进行用户名和密码的验证,此例中用固定的用户名和密码来进行测试
if(!(name==null || "".equals(name) || password==null || "".equals(password))){
    if("admin".equals(name) && "123456".equals(password)){
        // 如果登录成功,将登录的用户名保存在 session 中.
        session.setAttribute("userid",name);
        response.setHeader("refresh","2;URL=welcome.jsp");     //定时跳转
%>
        <h3>用户登录成功,两秒后跳转到欢迎页!</h3>
        <h3>如果没有跳转,请按<a href="welcome.jsp">这里</a>!</h3>
<%
    } else {
%>
        <h3>错误的用户名或密码!</h3>
<%
    }
}
%>
</body>
</html>
```

由于 admin_login.jsp 页面中使用了自身提交的方式,所以在进行验证时,必须进行是否为空(null 或"")的验证,然后再验证用户名和密码是否是固定值,如果全部验证成功,则将用户名保存在 session 属性范围中,并跳转到 welcome.jsp 页面显示欢迎信息。

【示例代码 4.17】 欢迎页面。

源文件名称:welcome.jsp

```
<%@ page contentType="text/html" pageEncoding="UTF-8"%>
<html>
<head><title>session示例程序</title></head>
<body>
<%    // 如果是合法登录用户,则已经设置过了session属性,则肯定不为空
  if(session.getAttribute("userid")!=null){
%>
        <h3>欢迎<%=session.getAttribute("userid")%>光临本系统,<a href="admin_logout.jsp">注销</a></h3>
<%
  } else {    // 非法用户没有session,则应该给出提示,先去登录
%>
        <h3>请先进行系统的<a href="admin_login.jsp">登录</a>!</h3>
<%
  }
%>
</body>
</html>
```

welcome.jsp页面首先要对session属性范围是否存在指定的属性进行判断,如果存在,则表示用户是已经登录过的合法用户,会给出欢迎信息,并给出注销链接;如果用户没有登录过,则会有登录提示,并给出登录地址的超链接。

【示例代码4.18】 登录注销。

源文件名称:admin_logout.jsp

```
<%@ page contentType="text/html" pageEncoding="UTF-8"%>
<html>
<head><title>session示例程序</title></head>
<body>
<%
response.setHeader("refresh","2;URL=admin_login.jsp");  //定时跳转
session.invalidate();                                    // 注销,当前的session失效
%>
<h3>您已成功退出本系统,两秒后跳转回首页!</h3>
<h3>如果没有跳转,请按<a href="admin_login.jsp">这里</a>!</h3>
</body>
</html>
```

admin_logout.jsp页面使用invalidate()方法进行了session的注销操作,并且设置了两秒后定时跳转的功能。本程序的完整运行结果如图4.13、图4.14、图4.15所示。

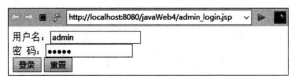

图4.13 用户登录表单

图 4.14　登录成功的欢迎页面

图 4.15　非法用户登录

4.5　application 对象

和 session 对象不同的是，application 对象是在服务启动后，由容器自动创建的。

application 对象创建以后，用来在所有用户间共享信息，并可以在 Web 应用程序运行期间持久地保持数据，直到服务器关闭为止。下面我们将详细介绍 application 的方法和使用。

4.5.1　application 对象的常用方法

application 对象的主要方法如下：

- getAttribute(String name)：返回由 name 指定名字的 application 队象的属性值。
- getAttributeNames()：返回所有的 application 对象的属性的名字，其结果是枚举类型。
- setAttribute(String name, java.lang.Object value)：设置由 name 指定的 Application 属性的值。
- removeAttribute(String name)：删除指定 name 的 application 对象。
- getInitParameter(String name)：返回由 name 指定名字的 Application 对象的属性的初始值。
- getServletInfo()：返回 servlet 编译器的当前版本的信息。

4.5.2　用 application 对象制作信息发送板

下面我们用 application 对象制作一个信息发送程序，客户通过访问 messageSend 页面留言，进入该页面，输入信息并提交。我们在 messagePane 页面获取客户提交的信息，然后将信息对象添加到 application 对象中保存。当用户单击查看时，showMessage.jsp 页面显示信息。即从 application 对象中取出信息，然后放在页面上。

【示例代码 4.19】　用 Application 实现留言板，留言页面。

源文件名称：messageSend.jsp

```
<%@ page contentType="text/html;charset=UTF-8" %>
<HTML>
```

```
<BODY>
    <form action="messagePane.jsp" method="post">
      发送信息：
      <INPUT type="text" name="msg">
      <BR>
      <INPUT type="submit" value="提交信息" name="submit">
</form>
</BODY>
</HTML>
```

【示例代码4.20】 得到信息，放到Application对象。

源文件名称：messagePane.jsp

```
<%@ page contentType="text/html;charset=UTF-8" %>
<%@ page import="java.util.*" %>
<HTML>
<BODY>
    <%
      String msg=request.getParameter("msg");
      application.setAttribute("msg",msg);
    %>
    发送成功！
<a href="messageSend.jsp">返回</a>
<a href="showMessage.jsp">查看信息</a>
</BODY>
</HTML>
```

【示例代码4.21】 显示信息。

源文件名称：showMessage.jsp

```
<%@ page contentType="text/html;charset=UTF-8" %>
<%@ page import="java.util.*" %>
<%@ page import="java.util.StringTokenizer" %>
<HTML>
<BODY>
<%
    String msg=(String)application.getAttribute("msg");
    byte a[]=msg.getBytes("ISO-8859-1");
    msg=new String(a);
    out.print(msg);
%>
</BODY>
</HTML>
```

运行messageSend.jsp，输入相应内容，显示结果如图4.16所示。

图4.16 输入留言信息

提交信息后,系统显示如图 4.17 所示。

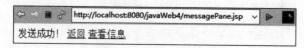

图 4.17 输入留言成功

这时候可以单击返回,回到 messageSend.jsp,继续留言;也可以单击"查看信息",转向 showMessage.jsp 页面,查看信息,如图 4.18 所示。

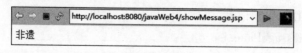

图 4.18 查看留言

4.6 out 对象

out 对象是一个输出流,用来向客户端输出数据。在前面的许多例子里曾多次使用 out 对象进行数据的输出。out 对象的主要方法如下:

- out.print(boolean)或 out.println(boolean):输出一个 boolean 类型的数据。
- out.print(char)或 out.println(char):输出一个 char 类型的数据。
- out.print(int)或 out.println(int):输出一个 int 类型的数据。
- out.print(double)或 out.println(double):输出一个 double 类型的数据。
- out.print(String)或 out.println(String):输出一个 String 类型数据。
- out.print(Object)或 out.println(Object):输出一个 Object 类型数据。
- out.flush():输出缓冲区的数据。
- out.newLine():输出一个换行字符。
- out.clearBuffer():清除缓冲区的数据,并把数据输出到客户端。
- out.clear():清除缓冲区的数据,但不把数据输出到客户端。
- out.close():关闭输出流。

print()和 println()方法都是把内容输出到客户端,所不同的是 println()方法执行输出后会换行。下面举例说明 out 的用法。

【示例代码 4.22】 out 对象的用法。

源文件名称:out_demo.jsp

```
<%@ page contentType="text/html;charset=GB2312" %>
<%@ page import="java.util.*" %>
<HTML>
<BODY>
  <%
out.println("out 对象实例:<br><hr>");
out.println("<br>out.println(boolean): "+true);
out.println("<br>out.println(char): "+"a");
out.println("<br>out.println(int): "+9);
```

```
out.println("<br>out.println(double): "+5.6);
out.println("<br>out.println(String): "+"abcdefg");
out.println("<br>out.println(Object): "+(new Date()).toLocaleString());
out.println("<br>out.newLine: ");
out.newLine();
out.println("<br>out.getBufferSize: "+ out.getBufferSize());
out.println("关闭 out 对象");
out.close();
out.println("关闭以后");
%>
</BODY>
</HTML>
```

显示结果如图 4.19 所示。

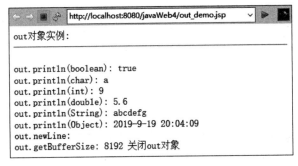

图 4.19　out 对象示例结果

4.7　本章小结

（1）JSP 提供了 9 个内置对象，常用的几个分别是 request、response、session、application 和 out。

（2）JSP 中存在 4 种作用域，分别是 pageContext、request、session 和 application。

（3）request 对象是 javax.servlet.http.HttpServlet 接口的实例，主要表示取得客户端发送而来的请求，其本身是 ServletRequest 接口的子接口，主要应用在 HTTP 协议上。此接口中可以使用 getParameter() 和 getParameterValues() 方法取得接收的参数，在进行中文传递时要使用 setCharacterEncoding() 方法进行统一的编码设置。

（4）response 对象是 javax.servlet.http.HttpServletResponse 接口的实例，主要表示服务器端对客户端的回应，其本身是 ServletResponse 接口的子接口，主要应用在 HTTP 协议上。此接口可以完成设置头信息、客户端跳转、设置 Cookie 等操作。

（5）在 Web 中通过 session 表示每一个用户，每一个新的用户连接到服务器时，服务器都会自动分配一个 sessionId 给用户，session 在实际开发中最重要的功能就是完成登录验证及注销操作。

（6）application 对象创建以后，用来在所有用户间共享信息，并可以在 Web 应用程序运行期间持久地保持数据，直到服务器关闭为止。

（7）out 对象用来向客户端进行数据的输出。

第 5 章

Servlet 技术

本章目标：
- 理解 Servlet
- 使用 Servlet 编程
- 过滤器的应用
- 监听器的应用

5.1 Servlet 简介

Servlet 是一种独立于平台和协议的服务器端的 Java 应用程序，可以生成动态的 Web 页面。它担当 Web 浏览器或其他发出请求的 HTTP 客户程序，是与 HTTP 服务器上的数据库或应用程序之间的中间层。

Servlet 是位于 Web 服务器或容器（或称 Servlet 容器）内部的服务器端 Java 应用程序，与传统的从命令行启动的 Java 应用程序不同，Servlet 由 Web 服务器或容器进行加载，该 Web 服务器或容器必须包含支持 Servlet 的 Java 虚拟机。我们熟悉的 Servlet 容器 Tomcat 就可以加载运行 Servlet。

5.1.1 JSP 与 Servlet 的关系

JSP 是一种建立在 Servlet 规范提供的功能之上的动态网页技术，JSP 文件在用户第一次请求时，会被编译成 Servlet，然后由这个 Servlet 处理用户的请求，所以 JSP 可以看成是运行时的 Servlet。

JSP 是以另外一种方式实现的 Servlet，Servlet 是 JSP 的早期版本，在 JSP 中，更加注重页面的表现，而在 Servlet 中则更注重业务逻辑的实现。当编写的页面显示效果比较复杂时，首选是 JSP。或者在开发过程中，HTML 代码经常发生变化，而 Java 代码则相对比较固定时，可以选择 JSP。而在处理业务逻辑时，首先选择是 Servlet。同时，Servlet 加强了 Web

服务器的功能,JSP 只能处理浏览器的请求,而 Servlet 则可以处理一个客户端的应用程序请求。

5.1.2 Servlet 工作体系结构及生命周期

Servlet 运行在 Servlet 容器中,其生命周期由容器来管理。Servlet 的生命周期与 javax.servlet.Servlet 接口中的 init()、service()和 destroy()三个方法有关。

Servlet 的生命周期由下面四个阶段组成。

1. 加载和实例化

Servlet 容器负责加载和实例化 Servlet。当 Servlet 容器启动时,或者在容器检测到有请求并且是第一次请求某个 Servlet 时,就会创建 Servlet 实例,实例会驻留内存中,等待下一个请求。

2. 初始化

在 Servlet 实例化之后,容器将调用 Servlet 的 init()方法初始化这个对象。初始化的目的是为了让 Servlet 对象在处理客户端请求前完成一些初始化的工作,如建立数据库的连接,获取配置信息等。对于每一个 Servlet 实例,init()方法只被调用一次。

3. 请求处理

Servlet 容器调用 Servlet 的 service()方法对请求进行处理。要注意的是,在 service()方法调用之前,init()方法必须成功执行。在 service()方法中,Servlet 实例通过 ServletRequest 对象得到客户端的相关信息和请求信息,调用相应的 doXXX()方法对请求进行处理。

4. 销毁

当容器发现 Servlet 实例没有存在的必要或者容器关闭时,容器就会调用实例的 destroy()方法,以便让该实例可以释放它所使用的资源,在 destroy()方法调用之后,容器会释放这个 Servlet 实例,该实例随后会被 Java 的垃圾收集器所回收。如果再次需要这个 Servlet 处理请求,Servlet 容器会创建一个新的 Servlet 实例。

在整个 Servlet 的生命周期过程中,创建 Servlet 实例、调用实例的 init()和 destroy()方法都只进行一次,当初始化完成后,Servlet 容器会将该实例保存在内存中,通过调用它的 service()方法,为接收到的请求服务。

图 5.1 的流程图给出了 Servlet 整个生命周期的示意。

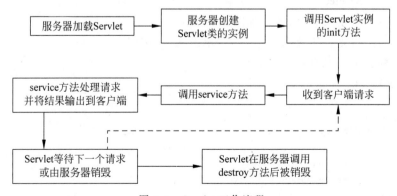

图 5.1 Servlet 工作流程

5.2 Servlet 的操作实例

5.2.1 使用 Servlet 获取用户提交信息

在本例中,我们将编写一个带表单的 HTML 页面,表单中提供了两个文本输入框,让用户输入姓名和密码,然后提交给 Servlet 进行处理。在 Servlet 中,我们从提交的表单信息中取出用户姓名和密码,然后加上欢迎信息输出到客户端。同时结合实例,帮助读者更好地了解整个 Servlet 的开发与部署过程。

1. 编写用户信息提交页面 input.jsp

新建一个 Web 工程 MyServlet,然后新建一个 JSP 页面 input.jsp,输入如下信息。

【示例代码 5.1】 信息提交页面。

源文件名称:input.jsp

```
<%@ page contentType="text/html" pageEncoding="UTF-8"%>
<html>
<head>
<title>请输入你的用户名和密码</title>
</head>
<body>
<form action="ReceiveServlet" method="post">
用户名:<input type="text" name="username" /><br>
密码:<input type="psssword" name="password"/><br>
<input type="submit" value="提交"/>
</form>
</body>
</html>
```

其中 action 的值"receive"是接收这个表单的 Servlet 的名字。在第 3 步中我们会详细说明。表单提交方法是 post,提交的数据作为请求正文的内容发送到服务器端,在 Url 中就看不到附加的请求数据。通常在提交表单时,如果数据量较小,而又没有安全性的考虑(例如,提交的数据中没有密码等敏感信息),可以采用 get 方法提交表单。如果数据量较大,或者有安全方面的考虑,则应该采用 post 方法提交表单。

2. 新建一个 Servlet

在 Eclipse 中新建一个 Servlet,如图 5.2 所示。

输入 Servlet 相关信息,如图 5.3 所示,单击 Next 按钮。

【示例代码 5.2】 信息接收 Servlet。

源文件名称:ReceiveServlet.java

```
package org.lxy.servlet;
import java.io.IOException;
import java.io.PrintWriter;
import javax.servlet.ServletException;
import javax.servlet.annotation.WebServlet;
import javax.servlet.http.HttpServlet;
```

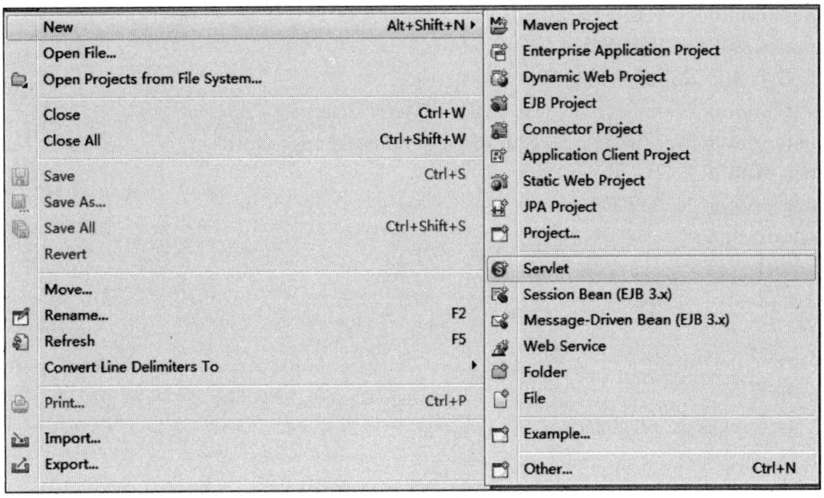

第5章 Servlet技术

图 5.2 新建一个 Servlet

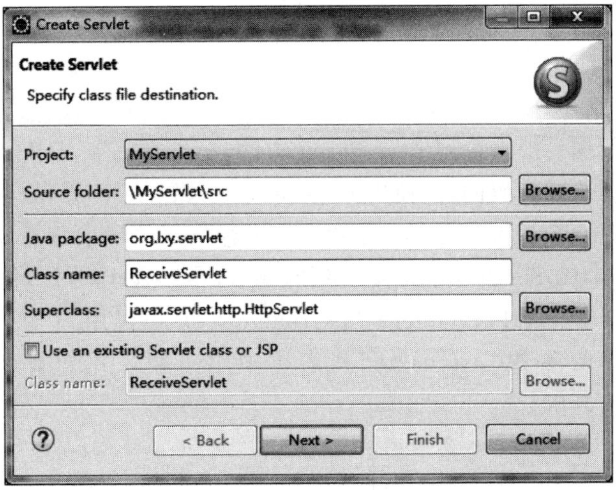

图 5.3 输入 servlet 相关信息

```
import javax.servlet.http.HttpServletRequest;
import javax.servlet.http.HttpServletResponse;

public class ReceiveServlet extends HttpServlet {
    private static final long serialVersionUID = 1L;
    public ReceiveServlet() {
        super();
    }
    protected void doGet(HttpServletRequest request, HttpServletResponse response) throws ServletException, IOException {
        request.setCharacterEncoding("UTF-8");
        response.setContentType("text/html;charset=UTF-8");
        PrintWriter out = response.getWriter();
        //输出一个 HTML 文档
        out.println("<HTML>");
```

```
            out.println("<HEAD><TITLE> A Servlet </TITLE></HEAD>");
            out.println("<BODY>");
            //接收用户发送过来的信息
            out.println("name:"+request.getParameter("username"));
            out.println("password:"+request.getParameter("password"));
            out.println(" </BODY>");
            out.println("</HTML>");
            out.flush();
            out.close();
    }

    protected void doPost(HttpServletRequest request, HttpServletResponse response) throws ServletException, IOException {
        doGet(request, response);
    }
}

    protected void doPost(HttpServletRequest request, HttpServletResponse response) throws ServletException, IOException {
            doGet(request, response);
    }
}
```

因为用户提交数据一般会采用 post 和 get 方法，所以重写了 doPost 与 doGet 方法，针对用户输入中文可能造成乱码问题，使用 request.setCharacterEncoding("UTF-8")方法设置字符使用编码。HttpServletRequest 对象封装了客户端的请求信息，要获取请求中某个参数的值，可以调用 HttpServletRequest 对象的 getParameter()方法，传递参数的名字。例如代码中调用 request.getParameter("username")获取到用户输入的用户名。注意 getParameter()方法的参数"username"和表单中用于输入用户姓名的文本框的名字 "username"必须是一样的。

保存后，Eclipse 会自动编译该 Servlet。

3. 配置 Servlet

早期版本的 servle 必须手动配置 web.xml 文件，但 servlet 2.5 以后，servlet 的配置可以直接在 Java 代码中进行注解配置。上面的 ReceiveServlet.java 文件中的 @WebServlet ("/ReceiveServlet")就是自动使用注解方式对 Servlet 进行了配置。当然也可以在 Web 项目中 web.xml 文件部署 Servlet。在 web.xml 文件中可以包含如下的配置和部署信息：

- ServletContext 的初始化参数。
- Session 的配置。
- Servlet/JSP 的定义和映射。
- 应用程序生命周期监听器类。
- 过滤器定义和过滤器映射。
- MIME 类型映射。
- 欢迎文件列表。
- 错误页面。
- 语言环境和编码映射。

- 声明式安全配置。
- JSP 配置。

在<web-app></web-app>之间使用以下代码：

```
<servlet>
    <servlet-name>ReceiveServlet</servlet-name>
    <servlet-class>org.lxy.servlet.ReceiveServlet</servlet-class>
</servlet>
<servlet-mapping>
    <servlet-name>ReceiveServlet</servlet-name>
    <url-pattern>/ReceiveServlet</url-pattern>
</servlet-mapping>
```

这部分代码使用了<servlet>和<servlet-mapping>元素，以及它们的子元素来部署 ReceiveServlet。在 web.xml 文件中，可以包含多个<servlet>和<servlet-mapping>元素，用于部署多个 Servlet。

<servlet>元素用于声明 Servlet，<servlet—name>子元素用于指定 Servlet 的名字，在同一个 Web 应用程序中，每一个 Servlet 的名字必须是唯一的，该元素的内容不能为空。<servlet-class>子元素用于指定 Servlet 类的完整限定名（如果有包名，要同时给出包名）。

<servlet-mapping>元素用于在 Servlet 和 Url 样式之间定义一个映射。它的子元素<servlet-name>指定的 Servlet 名字必须和<servlet>元素中的子元素<servlet-name>给出的名字相同。<url-pattern>子元素用于指定对应于 Servlet 的 Url 路径，该路径是相对于 Web 应用程序上下文的路径，如果某表单中数据要提交到 Servlet，那么这个表单 action 就要使用这个路径。

4. Servlet 的运行

运行 input.jsp 页面，在显示的页面中输入用户名"admin"和密码"admin"，如图 5.4 所示，单击【提交】按钮后，地址栏地址会自动跳转到 http://localhost:8080/MyServlet/ReceiveServlet，并显示如图 5.5 所示的效果。

图 5.4　信息输入页面

图 5.5　Servlet 处理效果

5.2.2　使用 Servlet 实现页面转发和重定向

在 Web 应用中，Servlet 充当一个调度的角色，通常我们把充当这样角色的 Servlet 叫控制器（Controller）。在控制器中，可以将请求转发（Request Dispatching）给另外一个

Servlet 或者 JSP 页面,或者 HTML 页面,然后由它们处理并产生对请求的响应。

下面我们来完成一个 Web 程序,完成如下工作:从 index.jsp 输入登录信息,提交到一个 Servlet,在 Servelt 中判断登录信息是否正确,如果正确跳转到 welcome.jsp 显示欢迎信息;如果错误,页面会跳转到 index.jsp,让用户重新输入登录信息。

首先,我们新建一个 Web 工程:LoginTest,创建一个 JSP 页面:login.jsp,在页面输入以下代码:

【示例代码 5.3】 用户登录页面。

源文件名称:login.jsp

```jsp
<%@ page contentType="text/html" pageEncoding="UTF-8"%>
<html>
<head><title>请输入你的用户名和密码</title></head>
<body>
<form action="CheckServlet" method="post">
用户名:<input type="text" name="username" /><br>
密码:<input type="psssword" name="password"/><br>
<input type="submit" value="提交"/>
</form>
</body>
</html>
```

然后,新建一个 welcome.jsp 用来显示欢迎信息,代码编写如下:

【示例代码 5.4】 欢迎页面。

源文件名称:welcome.jsp

```jsp
<%@ page contentType="text/html" pageEncoding="UTF-8"%>
<html>
<head>
<title>欢迎页面</title></head>
<body>
<h1>欢迎你<%=request.getParameter("username")%></h1>
</body>
</html>
```

在这个页面会接收 Servlet 转发来的请求,所以会在请求中获取登录名。

接下来我们就要写起关键作用的 Servlet 了,新建一个 Servlet,命名为:CheckServlet,源代码如下:

【示例代码 5.5】 执行转发和重定向的 servlet。

源文件名称:CheckServlet.java

```java
package Servlet;
import java.io.IOException;
import javax.servlet.ServletException;
import javax.servlet.annotation.WebServlet;
import javax.servlet.http.HttpServlet;
import javax.servlet.http.HttpServletRequest;
import javax.servlet.http.HttpServletResponse;
@WebServlet("/CheckServlet")                    //此注解代替了 web.xml 的配置
```

```java
public class CheckServlet extends HttpServlet {
    private static final long serialVersionUID = 1L;
    public CheckServlet() {
        super();
    }

protected void doGet(HttpServletRequest request, HttpServletResponse response) throws ServletException, IOException {
        //得到 index.jsp 页面传来的用户名和密码
        request.setCharacterEncoding("UTF-8");
        String name=request.getParameter("username");
        String password=request.getParameter("password");
        //判断用户名和密码是否符合要求,如果正确将请求转发到 welcome.jsp;如果错误,则重定向到 index.jsp
        if("admin".equals(name)&&"admin".equals(password)){
        request.getRequestDispatcher("welcome.jsp").forward(request, response);
        }else{
        response.sendRedirect("login.jsp");
        }
    }

protected void doPost(HttpServletRequest request, HttpServletResponse response) throws ServletException, IOException {
    doGet(request, response);
    }
}
```

运行 index.jsp 文件,在出现的页面中的用户名中输入:admin,密码:admin,如图 5.6 所示。提交后程序跳转到名字为"CheckServlet"的 Servlet 页面,我们在该页面中可看到登录页面输入的用户名信息,如图 5.7 所示,该页面通过 Servlet 转发而来。

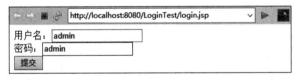

图 5.6　输入信息页面

图 5.7　登录成功页面

如果输入的用户名和密码不符合程序要求,Servlet 验证发现用户名、密码错误后,会返回到登录页面,如图 5.8 所示。

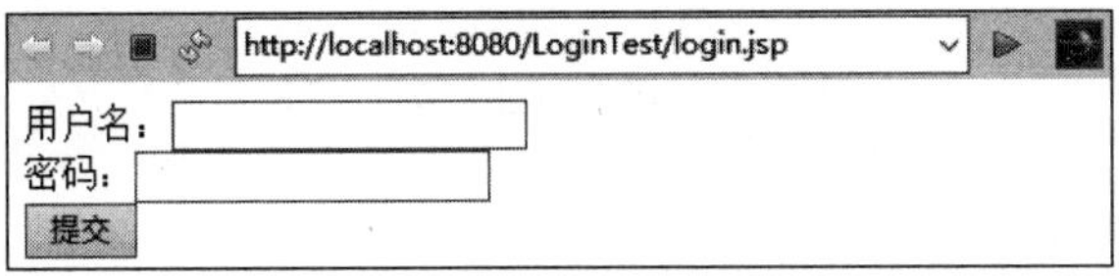

图 5.8　登录失败跳回登录页面

5.3　过滤器

过滤器,顾名思义就是在源和目标之间起到过滤作用的中间组件。例如,污水净化设备就可以看做现实中的一个过滤器,它负责将污水中杂质过滤,从而使进入的污水变成净水流出。而对于 Servlet 实现的过滤器功能则是 Web 中的一个小型组件,它能拦截来自客户端的请求和响应信息,查看提取或者对客户端和服务器之间交换的数据信息进行一些特定的操作。过滤器在 Web 应用程序中的位置如图 5.9 所示。

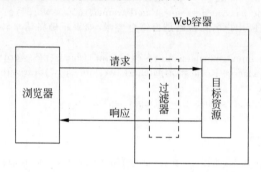

图 5.9　过滤器在 Web 应用程序中的位置

源并不需要知道过滤器的存在,也就是说,在 Web 应用程序中部署过滤器,对客户端和目标资源来说是透明的。

在一个 Web 应用程序中,你可以部署多个过滤器,这些过滤器组成了一个过滤器链。过滤器链中的每个过滤器负责特定的操作和任务,客户端浏览器发来的请求在这些过滤器之间传递,直到目标资源,如图 5.10 所示。

在请求资源时,过滤器链中的过滤器将依次对请求进行处理,并将请求交给下一个过滤器,直到通过所有过滤器到达目标资源;在给客户端浏览器发送响应时,则过滤器按照相反的顺序对响应进行处理,直到客户端浏览。

过滤器并不是必须要将请求传送到下一个过滤器(或者目标资源),它可以自行对请求进行处理,然后发送响应给客户端,或者将请求转发给另一个目标资源。

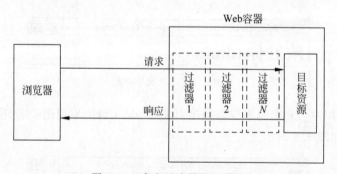

图 5.10　多个过滤器的过滤链

Servlet 过滤器的创建步骤:
(1) 实现 javax.servlet.Filter 接口的 servlet 类。

(2) 实现 init 方法,读取过滤器的初始化函数。
(3) 实现 doFilter 方法,完成对请求或过滤的响应。
(4) 调用 FilterChain 接口对象的 doFilter 方法,向后续的过滤器传递请求或响应。
(5) 使用注解方式或在 web.xml 中配置 Filter。

5.3.1 一个字符过滤器的实现

我们先创建一个 TestFilter 的 Web 工程,再新建两个 JSP 页面,第一个页面为登录页面 index.jsp,第二个页面 check.jsp 用来接收 index.jsp 页面提交来的数据。

【示例代码 5.6】 登录页面。

源文件名称:index.jsp

```
<%@ page contentType="text/html" pageEncoding="UTF-8"%>
<html>
<head>
<title>登录首页</title>
</head>
<body>
<form action="check.jsp" method="post">
<br>
```

用户:

```
<input type="text" name="usemame"/>
<br>
```

密码:

```
<input type="password" name="password">
<br>
<input type="submit" value="提交">
</form>
</body>
</html>
```

【示例代码 5.7】 接收 index.jsp 页面提交来的数据。

源文件名称:check.jsp

```
<%@ page contentType="text/html" pageEncoding="UTF-8"%>
<html>
<head>
<title>获取登录名和密码</title>
</head>
<body>
你刚才输入的用户名是 ${param.usemame},密码是 ${param.password}<br>
</body>
</html>
```

我们在 check.jsp 页面中可以看到,页面中并没有指定请求编码方式,从客户端的请求中得到的数据是"ISO-8859-l"编码,理论上我们应该在此页面上写上相关转码的语句,以应对中文字符集。请大家试想一下,如果有许多页面都要处理请求中的中文字符集,那无形之间就给我们许多页面增加了雷同代码,同时也增加了开发人员的工作量。下面我们来使用过滤器,在过滤器中设置数据编码,以实现请求中编码的自动转换,这样在接收请求的页面不必再写任何转码的语句,新建一个 Filter,取名为:CharacterEncodingFilter.java,源代码如下:

【示例代码 5.8】 编码转换过滤器。

源文件名称:CharactorEncodingFilter.java

```
package org.javaweb.filter;
import java.io.IOException;
import javax.servlet.DispatcherType;
import javax.servlet.Filter;
import javax.servlet.FilterChain;
import javax.servlet.FilterConfig;
import javax.servlet.ServletException;
import javax.servlet.ServletRequest;
import javax.servlet.ServletResponse;
import javax.servlet.annotation.WebFilter;
@WebFilter(filterName = "/CharactorEncodingFilter", urlPatterns = "/*", dispatcherTypes = {DispatcherType.REQUEST})
public class CharactorEncodingFilter implements Filter {
    public CharacterEncodingFilter() {
    }
    public void destroy() {
    }
    public void doFilter(ServletRequest request, ServletResponse response, FilterChain chain) throws IOException, ServletException {
        System.out.println("字符过滤器被使用了");
        request.setCharacterEncoding("utf-8");
        response.setCharacterEncoding("utf-8");
        // pass the request along the filter chain
        chain.doFilter(request, response);
    }

    public void init(FilterConfig fConfig) throws ServletException {
    }
}
```

上面的 CharacterEncodingFilter.java 文件也使用的是注解方式配置:@WebFilter(filterName = "/CharacterEncodingFilter", urlPatterns = "/*", dispatcherTypes = {DispatcherType.REQUEST})。如不使用注解方式,Filter 也可以像 Servlet 一样,在 web.xml 文件中进行配置,在<web-app>和</web-app>之间加入如下内容:

```
<filter>
  <filter-name>EncodingFilter</filter-name>
  <filter-class>org.lxy.servlet.EncodingFilter</filter-class>
</filter>
<filter-mapping>
  <filter-name>EncodingFilter</filter-name>
```

```
    < url-pattern >/ * </url-pattern >
    < dispatcher > REQUEST </dispatcher >
</filter-mapping >
```

可以看到这个部署与 Servlet 类似,其中< filter-name >用于为过滤器指定一个名字;< filter-class >元素设置对应过滤器实现的类,需要完整的路径,即要在类名前加上包名。

< filter-mapping >元素用于设置与过滤器相关的 Url 样式或 Servlet,其中< filter-name >元素中的值是已声明过的过滤器名称,< url-pattern >元素设置与过滤器关联的 Url 样式,其中可以使用通配符"*",要对当前应用中的所有页面过滤可采用"/*",也可以对特定目录下的所有页过滤,例如对 admin 目录可采用"/admin/*"。

< dispatcher >元素设定过滤器对应的请求方式,请求方式有 REQUEST,INCLUDE,FORWARD,ERROR 四种,默认为 REQUEST,可以同时设置多个请求方式。REQUEST 目标资源是通过请求访问的,RequestDispatcher 的 include()和 forward()方法是不会触发过滤器。INCLUDE 只有 RequestDispatcher 的 include()会触发过滤器。FORWARD 只有使用了 RequestDispatcher 的 forward()会触发过滤器。ERROR 目标资源如果是通过声明式异常处理机制调用时,会触发过滤器。

我们来测试一下运行项目,在首页我们输入中文用户名,密码随意填写,如图 5.11 所示。

图 5.11　输入中文用户名

单击提交后,可以看到如图 5.12 所示的页面,虽然 check.jsp 没有任何转码语句,但没有出现乱码:

图 5.12　过滤器处理后页面

在控制台中,看到在我们提交请求的时候,过滤器被触发了两次,请求 index.jsp 页面和 check.jsp 页面的时候都触发了(如图 5.13 所示),是它起到了转码作用:

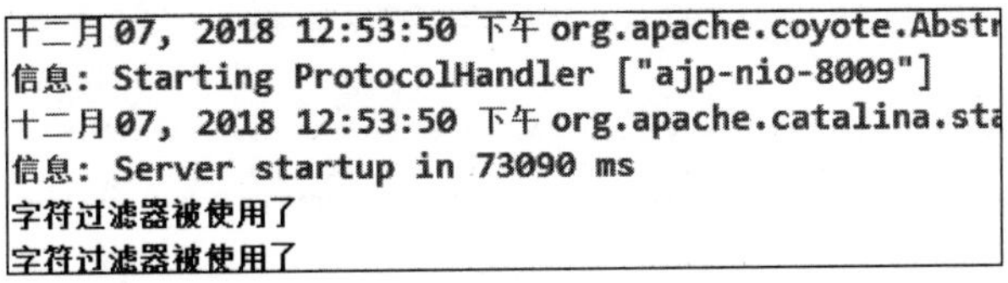

图 5.13　字符过滤器被触发了

在网站中经常有一些网页是需要用户登录才有操作权限的,如购物网站中的添加购物车、查看订单等页面,再比如后台管理页面就需要管理员登录才有权限访问。新建一个 Filter,按提示命名为 SessionFilter.java,源代码如下:

【示例代码 5.9】 权限控制过滤器。

源文件名：SessionFilter. javapackage org. javaweb. filter；

```
import java.io.IOException;
import javax.security.auth.login.AccountException;
import javax.servlet.Filter;
import javax.servlet.FilterChain;
import javax.servlet.FilterConfig;
import javax.servlet.ServletException;
import javax.servlet.ServletRequest;
import javax.servlet.ServletResponse;
import javax.servlet.annotation.WebFilter;
import javax.servlet.http.HttpServletRequest;
@WebFilter("/SessionFilter")
public class SessionFilter implements Filter {
    public SessionFilter() {
            }
    public void destroy() {
            }
     public void doFilter (ServletRequest request, ServletResponse response, FilterChain chain)
throws IOException, ServletException {
        HttpServletRequest req = (HttpServletRequest) request;
        ServletResponse res = response;
        if (req.getSession().getAttribute("userName") == null) {
            throw new RuntimeException(new AccountException("无权限"));
        } else {
        // pass the request along the filter chain
        chain.doFilter(request, response);
        }
    }

    public void init(FilterConfig fConfig) throws ServletException {
    }
}
```

请求页面时，如没有权限，则报错如图 5.14 所示：

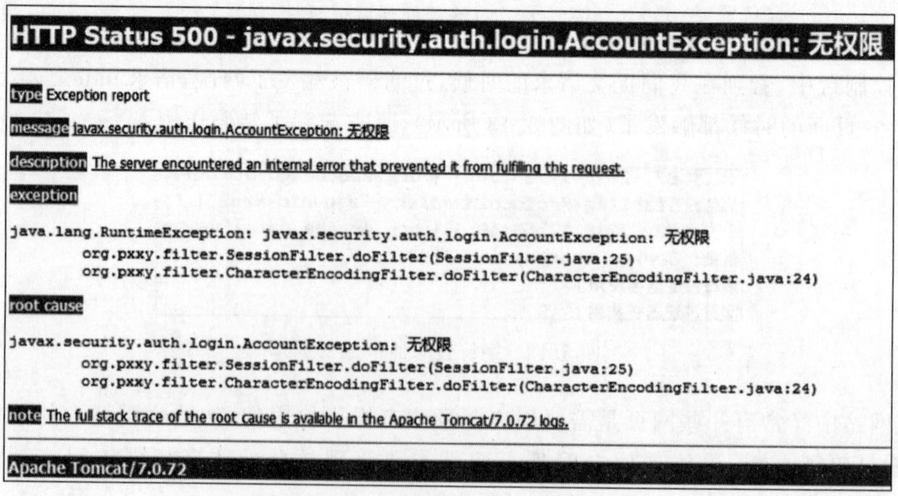
HTTP Status 500 - javax.security.auth.login.AccountException: 无权限

type Exception report

message javax.security.auth.login.AccountException: 无权限

description The server encountered an internal error that prevented it from fulfilling this request.

exception

```
java.lang.RuntimeException: javax.security.auth.login.AccountException: 无权限
        org.pxxy.filter.SessionFilter.doFilter(SessionFilter.java:25)
        org.pxxy.filter.CharacterEncodingFilter.doFilter(CharacterEncodingFilter.java:24)
```

root cause

```
javax.security.auth.login.AccountException: 无权限
        org.pxxy.filter.SessionFilter.doFilter(SessionFilter.java:25)
        org.pxxy.filter.CharacterEncodingFilter.doFilter(CharacterEncodingFilter.java:24)
```

note The full stack trace of the root cause is available in the Apache Tomcat/7.0.72 logs.

Apache Tomcat/7.0.72

图 5.14　权限控制过滤器被触发了

5.3.2 过滤器链的实现

前面我们提到过滤器链就是多个过滤器组成的,如果使用注解方式配置,过滤器链就形成了。注解方式中的过滤器链中每个过滤器执行的先后顺序和类名字符排序有关。如:Filter1.java 和 Filter2.java,Filter1 就先于 Filter2 执行,又如 CharactorEncodingFilter.java 和 SessionFilter.java 这两个文件里面分别是"字符编码过滤器"和"用户登录过滤器",因为这两个文件的首字母 C 排 S 之前,导致每次执行的时候都是先执行"字符编码过滤器"再执行"用户登录过滤器"。

如果是在 web.xml 部署多个过滤器,过滤器链中的每个过滤器执行的先后顺序,主要和 web.xml 中每个过滤器的<filter-mapping>位置有关,配置顺序在前的先执行。因此,要使用过滤器链,要特别注意<filter-mapping>元素的顺序。

5.4 监听器

用监听器可以监听 Web 容器中正在执行的程序,它可以监听客户端的请求、服务端的操作等。通过监听器,可以自动激发一些操作,比如监听在线用户的数量。

5.4.1 实现 Servlet 监听器开发与部署方法

(1) 编写监听器实现类。
(2) 部署监听器。
在 web.xml 文件中配置监听器,配置如下:

<listener>
<listener-class>监听器实现类</listener-class>
</listener>

需要注意的是,在 web.xml 文件中配置监听器的话,<listener>元素必须在所有<servlet>元素之前,以及所有<filter-mapping>元素之后。

5.4.2 实现 ServletContext 监听器

ServletContext 监听器可以监听 ServletContext 对象的创建、删除以及属性的加入、删除和修改的操作,在表 5-2 中我们可以看到与 ServletContext 监听器有关的接口有两个:

1. ServletContextListener 接口

类的全路径是 javax.servlet.ServletContextListener,要实现这个接口必须实现两个抽象方法:

- abstract public void contextInitialized(ServletContextEvent event):通知监听器,Web 应用被加载和初始化。
- abstract public void contextDestroyed(ServletContextEvent event):通知监听器,Web 应用已被关闭。

2. ServletContextAttributeListener 接口

类的全路径为 javax.servlet.ServletContextAttributeListener,要实现这个类必须实现

三个抽象方法：
- abstract public void attributeAdded(ServletContextAttributeEvent event)：通知监听器,有一个变量或对象被加入到了 ServletContext 范围内。
- abstract public void attributeReplaced(ServletContextAttributeEvent event)：通知监听器,有 ServletContext 范围内一个变量或对象被改变了。
- abstract public void attributeRemoved(ServletContextAttributeEvent event)：通知监听器,有一个变量或对象从 ServletContext 范围内移除了。

下面我们用个实例,综合演示与 ServletContext 有关的监听器,用一个类扩展这个监听器两个接口,并实现它们的抽象方法,新建一个 Listener,分别实现继承的抽象方法：

【示例代码5.10】 ServletContex 监听器。
源文件名称：ContextListener.java

```java
package org.javaweb.listener;
import javax.servlet.ServletContext;
import javax.servlet.ServletContextAttributeEvent;
import javax.servlet.ServletContextAttributeListener;
import javax.servlet.ServletContextEvent;
import javax.servlet.ServletContextListener;
import javax.servlet.annotation.WebListener;
@WebListener //注解配置 Listener
public class ContextListener implements ServletContextListener, ServletContextAttributeListener {
    private ServletContext application=null;
    public ContextListener() {
    }
    public void attributeAdded(ServletContextAttributeEvent event) {
        System.out.println("上下文中加入一个属性："+event.getName()+"它的值是"+event.getValue());
    }
    public void attributeRemoved(ServletContextAttributeEvent event) {
        System.out.println("上下文中移除一个属性："+event.getName()+"它的值是"+event.getValue());
    }
    public void contextDestroyed(ServletContextEvent event) {
        System.out.println("上下文被销毁");
    }
    public void attributeReplaced(ServletContextAttributeEvent event) {
        System.out.println("上下文中修改一个属性："+event.getName()+"它修改前的值是"+event.getValue());
    }
    public void contextInitialized(ServletContextEvent event) {
        this.application=event.getServletContext();
        System.out.println("加载初始化");
    }
}
```

如果使用 web.xml 文件进行配置,则在 web.xml 中配置如下代码：

<listener>

```
<listener-class>org.lxy.listener.ContextListener</listener-class>
</listener>
```

编写一个测试页面：

【示例代码 5.11】 ServletContex 监听器测试页面。

源文件名称：TestContextListener.jsp

```
<%@ page contentType="text/html" pageEncoding="UTF-8"%>
<html>
<head>
<title>contextlistener</title>
</head>
<body>
<%
//向上下文中加入一个属性
getServletContext().setAttribute("name","admin");
//修改一个属性
getServletContext().setAttribute("name","user");         //删除上下文中的一个属性
getServletContext().removeAttribute("name");
%>
</body>
</html>
```

运行后查看控制台输出信息，信息如图 5.15 所示。

```
上下文中加入一个属性：org.apache.jasper.runtime.JspApplicationContextImpl它的值是org.apache.jasper.runtime.JspApplicationContextImpl@61315e0f
上下文中加入一个属性：name它的值是admin
上下文中修改一个属性：name它修改前的值是admin
上下文中移除一个属性：name它的值是user
```

图 5.15　ServletContext 监听器的使用

5.5　本章小结

（1）开发一个 Servlet 程序一定要继承 HttpServlet 类，并根据需要重写相应的方法。

（2）Servlet 生命周期控制的 3 个方法：init()、service()(doGet()、doPost())和 destroy()。

（3）在 Servlet 程序中可实现服务器端跳转使用 RequestDispatcher 接口完成。

（4）通过实现 Filter 接口来实现过滤器。

（5）监听器可以完成对 Web 操作的监听。

第 6 章

EL 与 JSTL

本章目标：
- 使用表达式语言完成数据的输出
- 掌握表达式语言各种运算符的使用
- 掌握 JSTL 的主要作用及配置
- 掌握 JSTL 中 Core 标签的使用
- 在实际开发中使用 JSTL 标签

6.1 表达式语言简介

为了让一个页面更加简洁，在开发中可以使用 EL 表达式语言和 JSTL 标签库来提升页面代码质量。

表达式语言（Expression Language，EL）是 JSP2.0 中新增的功能，使用表达式语言，可以方便地访问属性范围中的内容，避免出现 Scriptlet 代码。其格式如下：

${属性名称}

下面通过一段代码来分析使用表达式语言的好处。

【示例代码 6.1】 不使用表达式语言，输出属性内容。
源文件名称：print_attribute_demo01.jsp

```
<%@ page contentType="text/html" pageEncoding="UTF-8"%>
<html>
<head><title>EL 表达式语言</title></head>
<body>
<%
request.setAttribute("info","非物质文化遗产研究中心") ;    // 设置一个 request 属性范围
    if(request.getAttribute("info") != null){             // 现在有属性存在
```

```
%>
        <h3><%=request.getAttribute("info")%></h3>
<%
    }
%>
</body>
```
</html>本程序在输出 info 属性时,首先通过判断语句,判断在 request 范围是否存在 info 属性,如果存在则输出,之所以加入判断的操作,主要就是为了避免一旦没有设置 request 属性而输出 null 的情况。程序的运行结果如图 6.1 所示。

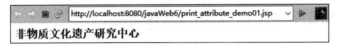

图 6.1　输出 request 属性

如果使用表达式语言进行操作,对于同样的功能就会简单许多。

【示例代码 6.2】　使用表达式语言,输出属性内容。

源文件名称：print_attribute_demo02.jsp

```
<%@ page contentType="text/html" pageEncoding="UTF-8"%>
<html>
<head><title>EL 表达式语言</title></head>
<body>
<%  // 假设以下的设置属性操作是在 Servlet 之中完成
    request.setAttribute("info","非物质文化遗产研究中心") ; // 设置一个 request 属性范围
%>
<h3>${info}</h3>
</body>
</html>
```

本程序完成了与例 6.1 一样的功能,但是从代码质量上比较来看例 6.2 的代码更简单、更容易。

6.2　表达式语言的内置对象

表达式语言的主要功能就是进行内容的显示,为了显示方便,在表达式语言中提供了许多内置对象,通过对不同内置对象的设置,表达式语言可以输出不同的内容,这些内置对象如表 6.1 所示。

表 6.1　表达式语言的内置对象

NO.	表达式内置对象	说　　明
1	pageContext	表示 javax.servlet.jsp.PageContext 对象
2	pageScope	表示从 page 属性范围查找输出属性
3	requestScope	表示从 request 属性范围查找输出属性
4	sessionScope	表示从 session 属性范围查找输出属性
5	applicationScope	表示从 application 属性范围查找输出属性

续表

NO.	表达式内置对象	说　明
6	param	接收传递到本页面的参数
7	paramValues	接收传递到本页面的一组参数
8	header	取得一个头信息数据
9	headerValues	取得一组头信息数据
10	Cookie	取出 cookie 中的数据
11	initParam	取得配置的初始化参数

6.2.1　访问 4 种属性范围的内容

使用表达式语言可以输出 4 种属性范围中的内容，如果此时在不同的属性范围中设置了同一个属性名称，则将按照如下顺序查找：page-> request-> session-> application。

【示例代码 6.3】　设置同名属性。

源文件名称：repeat_attribute_demo.jsp

```
<%@ page contentType="text/html" pageEncoding="UTF-8"%>
<html>
<head><title>EL 表达式语言</title></head>
<body>
<%
    pageContext.setAttribute("info","page 属性范围");     // 设置一个 page 属性
    request.setAttribute("info","request 属性范围");      // 设置一个 request 属性
    session.setAttribute("info","session 属性范围");      // 设置一个 session 属性
    application.setAttribute("info","application 属性范围");  // 设置一个 application 属性
%>
<h3>${info}</h3>                                          <!-- 表达式输出 -->
</body>
</html>
```

此时按照顺序来讲，肯定输出的是 page 范围的 info 属性内容。程序的运行结果如图 6.2 所示。

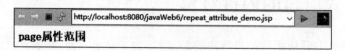

图 6.2　按照顺序输出

这时可以指定一个要取出属性的范围，范围一共有 4 种标记，如表 6.2 所示。

表 6.2　属性范围

NO.	属性范围	范　例	说　明
1	pageScope	MYM{pageScope.属性}	取出 page 范围的属性内容
2	requestScope	MYM{requestScope.属性}	取出 request 范围的属性内容
3	sessionScope	MYM{sessionScope.属性}	取出 session 范围的属性内容
4	applicationScope	MYM{applicationScope.属性}	取出 application 范围的属性内容

【示例代码6.4】 指定取出范围的属性。
源文件名称：get_attribute_demo.jsp

```
<%@ page contentType="text/html" pageEncoding="UTF-8"%>
<html>
<head><title>EL 表达式语言</title></head>
<body>
<%
 pageContext.setAttribute("info","page 属性范围");
 request.setAttribute("info","request 属性范围");
 session.setAttribute("info","session 属性范围");
 application.setAttribute("info","application 属性范围");
%>
<h3>PAGE 属性内容：${pageScope.info}</h3>
<h3>REQUEST 属性内容：${requestScope.info}</h3>
<h3>SESSION 属性内容：${sessionScope.info}</h3>
<h3>APPLICATION 属性内容：${applicationScope.info}</h3>
</body>
</html>
```

此时，由于已经指定了范围，所以可以取出不同属性范围的同名属性。程序的运行结果如图6.3所示。

图 6.3 输出指定范围的属性

6.2.2 调用内置对象操作

使用 pageContext() 可以取得 request、session、application 的实例，所以在表达式语言中，可以通过 pageContext 这个内置对象调用 JSP 其他内置对象中提供的方法。

【示例代码6.5】 调用 JSP 内置对象的方法。
源文件名称：invoke_method.jsp

```
<%@ page contentType="text/html" pageEncoding="UTF-8"%>
<html>
<head><title>EL 表达式语言</title></head>
<body>
<h3>IP 地址：${pageContext.request.remoteAddr}</h3>
<h3>SESSION ID：${pageContext.session.id}</h3>
<h3>响应类型：${pageContext.response.contentType}</h3></body>
</html>
```

本程序通过 request 输出客户端的 IP 地址，通过 session 取得当前的 Session Id。程序运行结果如图6.4所示。

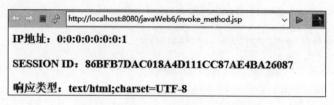

图6.4 输出内置对象的属性信息

6.2.3 接收请求参数

使用表达式语言还可以显示接收的请求参数,功能与 request.getParameter()类似,语法如下:

${param.参数名称}

【示例代码6.6】 接收参数。

源文件名称:get_param_demo.jsp

<%@ page contentType="text/html" pageEncoding="UTF-8"%>
<html>
<head><title>EL 表达式语言</title></head>
<body>
<h3>通过内置对象接收输入参数:<%=request.getParameter("ref")%></h3>
<h3>通过表达式语言接收输入参数:${param.ref}</h3>
</body>
</html>

本程序为了说明功能,同时使用了 request 和表达式两种方式显示传递参数。在地址栏内输入 http://localhost:8080/javaWeb6/get_param_demo.jsp?ref=javaweb,程序运行结果如图6.5所示。

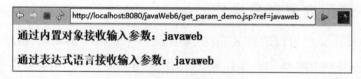

图6.5 显示输入参数

以上传递的是一个单独的参数,如果现在传递的是一组参数,则可以按照如下格式接收:

${paramValues.参数名称}

需要注意的是,现在接收的是一组参数,所以如果想要取出,则需要分别指定下标,下面的程序演示如何接收一组参数。

【示例代码6.7】 定义表单,使用复选框传递一组参数。

源文件名称:param_values.jsp

```
<%@ page contentType="text/html" pageEncoding="UTF-8"%>
<html>
<head><title>EL 表达式语言</title></head>
<body>
<form action="param_values_demo.jsp" method="post">
 分类：     <input type="checkbox" name="item" value="简介">简介
           <input type="checkbox" name="item" value="规划">规划
           <input type="checkbox" name="item" value="机构">机构
           <input type="submit" value="显示"></form>
</body>
</html>
```

【示例代码 6.8】 使用表达式接收参数。

源文件名称：param_values_demo.jsp

```
<%@ page contentType="text/html" pageEncoding="UTF-8"%>
<html>
<head><title>EL 表达式语言</title></head>
<body>
<%  // 实际开发中,此代码要通过过滤器实现
  request.setCharacterEncoding("UTF-8") ;
%>
<h3>第一个参数：${paramValues.item[0]}</h3>
<h3>第二个参数：${paramValues.item[1]}</h3>
<h3>第三个参数：${paramValues.item[2]}</h3>
</body>
</html>
```

程序的运行结果如图 6.6 所示,选中页面中的三个复选框,单击【显示】按钮后,结果如图 6.7 所示。

图 6.6　编写复选框表单

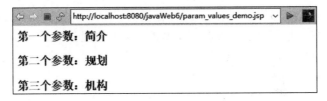

图 6.7　接收一组参数

6.3　集合操作

集合操作在开发中被广泛地采用,表达式语言也已经很好地支持了集合的操作,可以方便地使用表达式语言输出 Collection(子接口：List、Set)、Map 集合中的内容。

【示例代码 6.9】 输出 Collection 接口集合。

源文件名称：print_collection.jsp

```jsp
<%@ page contentType="text/html" pageEncoding="UTF-8"%>
<%@ page import="java.util.*"%>
<html>
<head><title>EL 表达式语言</title></head>
<body>
<%
    List all = new ArrayList();                    //实例化 List 接口
    all.add("简介");                               //向集合中增加内容
    all.add("规划");                               //向集合中增加内容
    all.add("机构");                               //向集合中增加内容
    request.setAttribute("allinfo",all);          //集合保存在 request 范围
%>
<h3>第一个元素：${allinfo[0]}</h3>
<h3>第二个元素：${allinfo[1]}</h3>
<h3>第三个元素：${allinfo[2]}</h3>
</body>
</html>
```

本程序首先定义了一个 List 集合对象，之后利用 add()方法向集合中增加了 3 个元素，由于表达式语言只能访问保存在属性范围中的内容，所以此处将集合保存在了 request 范围中，在使用表达式语言输出时，直接通过集合的下标即可访问。程序的运行结果如图 6.8 所示。

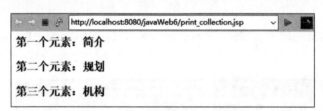

图 6.8　输出 List 集合

在本程序中使用 request 属性范围保存集合，主要是为以后的 MVC 设计模式做准备，因为在 MVC 设计模式中都使用 request 属性范围将 Servlet 中的内容传递给 JSP 显示，而表达式语言的最大优点也要结合 MVC 设计模式才可以体现。

【示例代码 6.10】 输出 Map 集合。

源文件名称：print_map.jsp

```jsp
<%@ page contentType="text/html" pageEncoding="UTF-8"%>
<%@ page import="java.util.*"%>
<html>
<head><title>EL 表达式语言</title></head>
<body>
<%
    Map map = new HashMap();                       //实例化 Map 对象
    map.put("jj","简介");                          //向集合中增加内容
    map.put("gh","规划");                          //向集合中增加内容
```

```
    map.put("jg","机构");                            //向集合中增加内容
    request.setAttribute("info",map);                // 集合保存在 request 范围
%>
<h3>KEY 为 jj 的内容: ${info["jj"]}</h3>
<h3>KEY 为 gh 的内容: ${info["gh"]}</h3>
<h3>KEY 为 jg 的内容: ${info["jg"]}</h3></body>
</html>
```

本程序利用 Map 集合保存数据,所以在访问 Map 数据时,就需要通过 key 找到对应的 value,在表达式语言中,除了可以采用"."的形式访问,也可以采用"[]"的形式访问。程序运行结果如图 6.9 所示。

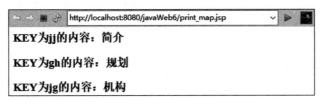

图 6.9 输出 Map 集合

6.4 应用 EL 表达式语言

表达式语言的强大功能还在于可以直接通过反射方式调用保存在属性范围中的 Java 对象内容,如以下有一个 Java 类。

【示例代码 6.11】 定义一个 VO 类。

源文件名称:Category.java

```
package org.javaweb.el.bean;
public class Category {
 private Integer category_id;
 private String category_name;
 public Integer getCategory_id() {
     return category_id;
 }
 public void setCategory_id(Integer category_id) {
     this.category_id = category_id;
 }
 public String getCategory_name() {
     return category_name;
 }
 public void setCategory_name(String category_name) {
     this.category_name = category_name;
 }
 @Override
 public String toString() {
     return "Category [category_id=" + category_id + ", category_name=" + category_name + "]";
 }
}
```

我们先来看在 JSP 程序中如何使用表达式输出保存在属性范围中的属性内容。

【示例代码 6.12】 将对象保存在属性范围中,通过表达式语言输出。

源文件名称:print_bean.jsp

```jsp
<%@ page contentType="text/html" pageEncoding="GBK"%>
<%@ page import="org.lxy.el.bean.*"%>
<html>
<head><title>EL 表达式语言</title></head>
<body>
<%
    Category category = new Category();                 //这里假设这些代码是由 Servlet 完成
                                                        //实例化对象
    category.setCategory_id(1);
    category.setCategory_name("简介");
    request.setAttribute("category",category);          //设置 request 属性
%>
<h3>分类编号:${category.category_id}</h3>
<h3>分类名称:${category.category_name}</h3>
</body>
</html>
```

本程序首先实例化了一个 Category 类的对象,之后分别设置里面的属性内容,并将对象保存在了 request 属性范围中,因为已经存放在属性范围中,所以以后在使用表达式输出时就会方便很多,可以直接访问。程序的运行结果如图 6.10 所示。

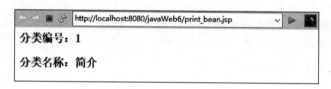

图 6.10 输出 category 对象的属性内容

6.5 EL 运算符

在表达式语言中为了方便用户显示操作定义了算术运算符、关系运算符、逻辑运算符等,使用这些运算符将使得 JSP 页面更加简洁,但是对于太复杂的操作还是应该在 Servlet 或 JavaBean 中完成。在使用这些运算符时,所有的操作内容也可以直接使用设置的属性,而不用考虑类型转换的问题。

在表达式语言中提供了 5 种算术运算符,如表 6.3 所示。

表 6.3 算术运算符

NO.	算术运算符	描述	范例	结果
1	+	加法操作	MYM{10+25}	35
2	-	减法操作	MYM{10-25}	-15
3	*	乘法操作	MYM{10 * 25}	250
4	/或 div	除法操作	MYM{10/25}或 MYM{10 div 25}	0.4
5	%或 mod	取模(余数)	MYM{10%25}或 MYM{10 mod 25}	10

【示例代码6.13】 算术运算操作。

源文件名称：math_demo.jsp

<%@ page contentType="text/html" pageEncoding="UTF-8"%>
<html>
<head><title>EL 表达式语言</title></head>
<body>
<%
 pageContext.setAttribute("num1","10");
 pageContext.setAttribute("num2","25");
%>
<h3>加法操作：${num1 + num2}</h3>
<h3>减法操作：${num1 - num2}</h3>
<h3>乘法操作：${num1 * num2}</h3>
<h3>除法操作：${num1 / num2}和${num1 div num2}</h3>
<h3>取模操作：${num1 % num2}和${num1 mod num2}</h3>
</body>
</html>

本程序分别执行了各种算术运算符，程序的运行结果如图6.11所示。

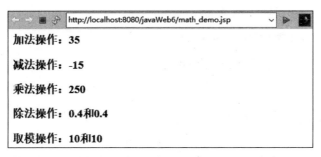

图6.11 执行算术运算

在表达式语言中提供了6种关系运算符，如表6.4所示。

表6.4 关系运算符

NO.	关系运算符	描 述	范 例	结 果
1	== 或 eq	等于	${5==5}或${5eq5}	true
2	!= 或 ne	不等于	${5!=5}或${5ne5}	false
3	< 或 lt	小于	${3<5}或${3lt5}	true
4	> 或 gt	大于	${3>5}或${3gt5}	false
5	<= 或 le	小于等于	${3<=5}或${3le5}	true

【示例代码6.14】 验证关系运算操作。

源文件名称：rel_demo.jsp

<%@ page contentType="text/html" pageEncoding="UTF-8"%>
<html>
<head><title>EL 表达式语言</title></head>
<body>

```
<%
  pageContext.setAttribute("num1","10") ;
  pageContext.setAttribute("num2","25") ;
%>
<h3>相等判断：${num1 == num2} 和 ${num1 eq num2}</h3>
<h3>不等判断：${num1 != num2} 和 ${num1 ne num2}</h3>
<h3>小于判断：${num1 < num2} 和 ${num1 lt num2}</h3>
<h3>大于判断：${num1 > num2} 和 ${num1 gt num2}</h3>
<h3>小于等于判断：${num1 <= num2} 和 ${num1 le num2}</h3>
<h3>大于等于判断：${num1 >= num2} 和 ${num1 ge num2}</h3>
</body>
</html>
```

分别执行了各种关系运算符，程序的运行结果如图 6.12 所示。

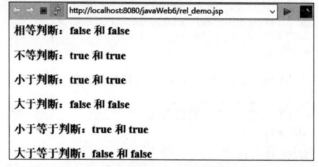

图 6.12 执行关系运算符

在表达式语言中提供了 3 种逻辑运算符，如表 6.5 所示。

表 6.5 逻辑运算符

NO.	关系运算符	描 述	范 例	结 果
1	&& 或 and	与操作	${true && false}或 ${true and false}	false
2	|| 或 or	或操作	${true || false}或 ${true or false}	true
3	! 或 not	非操作(取反)	${! true}或 ${not true}	false

【示例代码 6.15】 验证逻辑运算操作。

源文件名称：logic_demo.jsp

```
<%@ page contentType="text/html" pageEncoding="UTF-8"%>
<html>
<head><title>EL 表达式语言</title></head>
<body>
<%
  boolean flagA=true;
  boolean flagB=false;
%>
<h3>与操作：${flagA && flagB} 和 ${flagA and flagB}</h3>
<h3>或操作：${flagA || flagB} 和 ${flagA or flagB}</h3>
<h3>非操作：${!flagA} 和 ${not flagB}</h3>
</body>
```

</html>

本程序分别执行了各种逻辑运算符,程序的运行结果如图6.13所示。

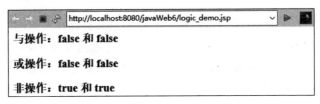

图6.13 执行逻辑运算符

除了以上的运算符之外,在表达式语言中还有表6.6所示的其他运算符。

表6.6 其他运算符

NO.	关系运算符	描 述	范 例	结 果
1	Empty	判断是否为null	${empty info}	True
2	?:	三目运算符	${10>25?"大于":"小于"}	小于
3	( )	括号运算符	${10 * (10+25)}	350

【示例代码6.16】 验证其他运算操作。

源文件名称:other_demo.jsp

```
<%@ page contentType="text/html" pageEncoding="UTF-8"%>
<html>
<head><title>EL表达式语言</title></head>
<body>
<%
 pageContext.setAttribute("num1","10");
 pageContext.setAttribute("num2","20");
 pageContext.setAttribute("num3","30");
%>
<h3>empty操作:${empty info}</h3>
<h3>三目操作:${num1>num2 ? "大于" : "小于"}</h3>
<h3>括号操作:${num1 * (num2 + num3)}</h3>
</body>
</html>
```

程序的运行结果如图6.14所示。

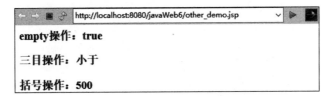

图6.14 其他运算操作执行效果

6.6 JSTL 简介及安装

仅通过使用 EL 表达式语言,很多时候 JSP 页面还是会存在大量的 Scriptlet 代码,为了真正实现 JSP 文件中不包含任何 Scriptlet 代码,还需要通过标签来解决。标签分为自定义标签和开源工具提供的通用标签。自定义标签通过标签编程来实现,但是如果采用自定义的标签库做法,会非常烦琐且不通用,所以开发中一般是借助于一些开源工具使用一些公共的标签,JSTL 就是这样一种使用广泛的通用标签。

JSTL(JSP Standard Tag Library,JSP 标准标签库)是一个开放源代码的标签组件,由 Apache 的 Jakarta 小组开发,可以直接从 http://Tomcat.apache.org/taglibs/上下载。

JSTL1.2 版本中主要有如下几个标签库支持,如表 6.7 所示。

表 6.7 JSTL 中主要的标签库

NO.	JSTL	标记名称	标签配置文件	描述
1	核心标签库	c	c.tld	定义了属性管理、迭代、判断、输出
2	SQL 标签库	sql	sql.tld	定义了查询数据库的操作
3	XML 标签库	xml	x.tld	用于操作 XML 数据
4	函数标签库	fn	fn.tld	提供了一些常用的操作函数
5	I18N 格式化标签库	fmt	fmt.tld	格式化数据

下载的 JSTL 是以 jar 包的形式存在的,直接将此 jar 包保存在 Web-INF\lib 目录中,即可使用 JSTL 进行项目开发。

6.7 核心标签库及常用标签使用

JSTL 的核心标签库标签共 13 个,从功能上可以分为 4 类:表达式控制标签、流程控制标签、循环标签、Url 操作标签。使用这些标签能够完成 JSP 页面的基本功能,减少编码工作,如表 6.8 所示。

表 6.8 核心标签库中的主要标签

NO.	功能分类	标签名称	描述
1	表达式控制标签	<c:out>	输出属性内容
2		<c:set>	设置属性内容
3		<c:remove>	删除指定属性
4		<c:catch>	异常处理
5	流程控制标签	<c:if>	条件判断
6		<c:choose>	多条件判断
7		<c:when>	
8		<c:otherwise>	
9	循环标签	<c:forEach>	输出数组、集合
10		<c:forTokens>	字符串拆分及输出操作

续表

NO.	功能分类	标签名称	描述
11	Url操作标签	<c:import>	将指定的路径包含到当前工作页进行显示
12		<c:url>	根据路径和参数生成一个新的Url
13		<c:redirect>	客户端跳转

下面依次讲解部分常用标签的使用。

6.7.1 流程控制标签

流程控制标签主要用于对页面简单业务逻辑进行控制。流程控制标签包含有4个：<c:if>标签、<c:choose>标签、<c:when>标签和<c:otherwise>标签。下面将介绍这些标签的功能和使用方式。

1. <c:if>标签

<c:if>同程序中的if作用相同，用来实现条件控制。

语法1：

<c:if test="条件1" var="name" [scope="page|request|session|application"]>

语法2：

<c:if test="条件2" var="name" [scope="page|request|session|application"]>

参数说明：

- test属性用于存放判断的条件，一般使用EL表达式来编写。
- var指定名称用来存放判断的结果类型为true或false。
- scope用来存放var属性存放的范围。

使用场景：在开发中经常会出现不同用户的权限，首先对用户名进行判断（包括进行数据库验证），该功能可以由JavaBean实现，根据不同权限的用户显示不同的结果。

【示例代码6.17】 用户输入用户名提交到自身页面，页面判断用户，显示对应的结果。

源文件名：coredemo06.jsp

```
<%@ page language="java" pageEncoding="utf-8"%>
<%@ taglib prefix="c" uri="http://java.sun.com/jsp/jstl/core" %>
<html>
<head><title>JSTL:if标签示例</title></head>
<body>
    <h4>if标签示例</h4>
    <hr>
    <form action="coredemo06.jsp" method="post">
        <input type="text" name="uname" value="${param.uname}">
        <input type="submit" value="登录">
    </form>
    <!-- 使用if标签进行判断，如果输入为admin或user将显示出定义的字符串，并把检验后的结果赋给check，存储在默认的page范围中.-->
    <c:if test="${param.uname=='admin'}">
        管理员可以管理新闻内容
```

```
        </c:if>
        <c:if test=" ${param.uname=='user'}">
                用户可以查看新闻内容
        </c:if>
</body>
</html>
```

程序运行结果如图 6.15 和图 6.16 所示。

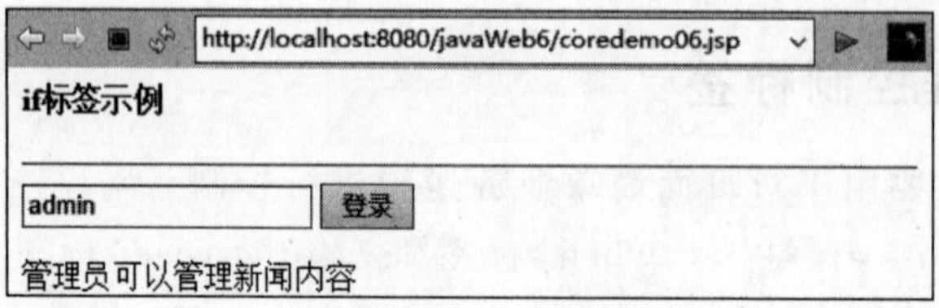

图 6.15　admin 用户登录显示效果

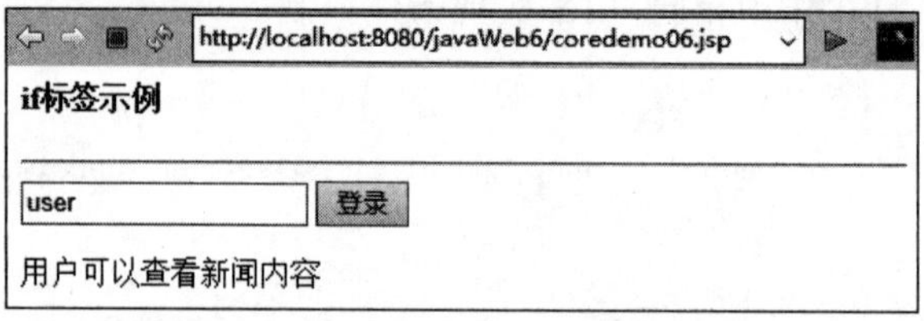

图 6.16　user 用户登录显示效果

2. <c:choose>、<c:when>和<c:otherwise>标签

这 3 个标签通常情况下是一起使用的，<c:choose>标签作为<c:when>和<c:otherwise>标签的父标签来使用。

语法 1：

```
<c:choose>
        <c:when>
......//业务逻辑 1
        <c:otherwise>
......//业务逻辑 2
        <c:otherwise>
......//业务逻辑 3
</c:choose>
```

语法 2：

```
<c:when text="条件">
表达式
</c:when>
```

语法 3：

```
<c:otherwise>
表达式
</c:otherwise>
```

参数说明：
- 语法 1 为 3 个标签的嵌套使用方式，<c:choose>标签只能和<c:when>标签共同使用。
- 语法 2 为<c:when>标签的使用方式，该标签对条件进行判断，一般情况下和<c:choose>共同使用。
- <c:otherwise>不含有参数，只能跟<c:when>共同使用，并且在嵌套中只允许出现一次。

【示例代码 6.18】 设定一个 page 变量的值为 5，使用嵌套标签进行判断，根据判断返回结果。

源文件名称：coredemo07.jsp

```jsp
<%@ page language="java" pageEncoding="UTF-8"%>
<%@ taglib prefix="c" uri="http://java.sun.com/jsp/jstl/core" %>
<html>
<head><title>JSTL: choose 及其嵌套标签标签示例</title></head>
<body>
    <h4>choose 及其嵌套标签示例</h4>
    <hr>
    <c:set var="page">5</c:set>
    <c:choose>
        <c:when test="${page==1}">
            下一页
        </c:when>
        <c:when test="${page>1&&page<10}">
            下一页 上一页
        </c:when>
        <c:when test="${page==10}">
            上一页
        </c:when>
        <c:otherwise>
            页面信息异常
        </c:otherwise>
    </c:choose>
</body>
</html>
```

程序运行结果如图 6.17 所示。

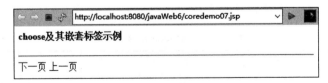

图 6.17　coredemo07.jsp 运行结果

6.7.2 循环标签

循环标签主要实现迭代操作。主要包含两个标签:<c:forEach>和<c:forTokens>标签,接下来将详细介绍这两个标签的用法。

1. <c:forEach>标签

该标签根据循环条件遍历集合(Collection)中的元素。

语法:

<c:forEach var="name" items="Collection" varStatus="StatusName" begin="begin" end="end" step="step">
本体内容
</c:forEach>

参数解析:

- var 设定变量名用于存储从集合中取出元素。
- items 指定要遍历的集合。
- varStatus 设定变量名,该变量用于存放集合中元素的信息。
- begin、end 用于指定遍历的起始位置和终止位置(可选)。
- step 指定循环的步长。

参数类型和相关说明见表6.9。

表6.9 循环标签属性说明

名 称	EL	类 型	是否必须	默 认 值
var	N	String	是	无
items	Y	Arrays Collection Iterator Enumeration Map String []args	是	无
begin	Y	int	否	0
end	Y	int	否	集合中最后一个元素
step	Y	int	否	1
varStatus	N	String	否	无

说明:表格中的 EL 列字段,表示此属性的值是否可以为 EL 表达式,Y 表示可以,N 表示不可以。

其中 varStatus 有 4 个状态属性见表 6.10。

表6.10 varStatus 的 4 个状态

属 性 名	类 型	说 明
index	int	当前循环的索引值
count	int	循环的次数
frist	boolean	是否为第一个位置
last	boolean	是否为最后一个位置

【示例代码6.19】 实现遍历的两种方式：设定起始位置和不设定起始位置；并且获得属性的状态信息。

源文件名称：coredemo08.jsp

```jsp
<%@ page language="java" pageEncoding="utf-8"%>
<%@ taglib prefix="c" uri="http://java.sun.com/jsp/jstl/core" %>
<%@ page import="java.util.List"%>
<%@ page import="java.util.ArrayList"%>
<html>
<head><title>JSTL：forEach 标签实例</title></head>
<body>
    <h4><c:out value="forEach 实例"/></h4>
    <br><hr>
    <!-- 通过 Java 脚本创建了一个集合对象 a,并添加元素.-->
    <%
      List a=new ArrayList();
      a.add("非遗资讯");
      a.add("学术交流");
      a.add("非遗聚焦");
      a.add("非遗讲坛");
      a.add("合作平台");
      //使用 setAttribute()方法把集合存入 request 范围内.
      request.setAttribute("a",a);
    %>
    <B><c:out value="不指定 begin 和 end 的迭代："/></B><br>
    <!-- 未指定 begin 和 end 属性,直接从集合开始遍历到集合结束为止.-->
        <c:forEach var="items" items="${a}">
         <c:out value="${items}"/><br>
        </c:forEach>
    <B><c:out value="指定 begin 和 end 的迭代："/></B><br>
    <!-- 指定从集合的第二个(index 值为 1)元素开始,到第四个(index 值为 3)元素截止(index 的值从 0 开始).并指定 step 为 2 即每隔两个遍历一次.-->
        <c:forEach var="items" items="${a}" begin="1" end="3" step="2">
         <c:out value="${items}" /><br>
        </c:forEach>
    <B><c:out value="输出整个迭代的信息："/></B><br>
    <!-- 指定 varStatus 的属性名为 s,并取出存储的状态信息.-->
        <c:forEach var="items" items="${a}" begin="3" end="4" step="1" varStatus="s">
         <c:out value="${items}" />的四种属性：<br>
          所在位置,即索引：<c:out value="${s.index}" /><br>
          总共已迭代的次数：<c:out value="${s.count}" /><br>
          是否为第一个位置：<c:out value="${s.first}" /><br>
          是否为最后一个位置：<c:out value="${s.last}" /><br>
        </c:forEach>
</body>
</html>
```

程序运行结果如图 6.18 所示。

提示：本例使用的 list 是在 JSP 页面中使用 Java 脚本创建的,是因为 JSTL 缺少创建集合的功能,在开发中一般不会如此,可通过访问数据库得到数据集合,和通过设定

JavaBean 的值得到数据集合。

图 6.18　coredemo08.jsp 运行结果

6.8　本章小结

（1）表达式语言（EL）是在 JSP2.0 之后新增加的功能，目的是为了方便输出 4 种属性范围中的内容。

（2）在一个 JSP 页面中最好的做法是除了 java.util 包之外不导入任何的包，并且不使用任何的 Scriptlet。

（3）在表达式语言中可以操作 request、session 等内置对象；可以方便地进行集合访问。

（4）使用 JSTL 标签可以通过"<%@taglib%>"完成导入，通过 prefix 指定一个标记，通过 URL 指定 tld 的文件路径，或者是通过 web.xml 配置映射路径。

（5）JSTL 是一个开源的标签库组件，可以直接用于 JSP 页面的编写；使用 JSTL 核心标签库可以完成一些基本的程序判断、迭代输出功能。

第 7 章

JDBC

本章目标：
- 掌握 JDBC 执行原理和使用
- 学会使用 JDBC 对数据库进行增删改查

7.1 JDBC 概述

JDBC(Java DataBase Connectivity，Java 数据库连接)是一种用于执行 SQL 语句的 Java API。JDBC 是 Java 访问数据库的标准规范，可以为不同的关系型数据库提供统一访问，它由一组用 Java 语言编写的接口和类组成。

7.1.1 JDBC 的执行原理

最初 SUN 公司想编写一套可以连接所有数据库的 API，但是最终发现这是不可完成的任务，因为各个厂商的数据库服务器差异太大了。后来 SUN 与数据库厂商们商定，由 SUN 提供一套访问数据库的规范(就是一组接口)，并提供连接数据库的协议标准，然后各个数据库厂商遵循 SUN 的规范，提供一套访问自己公司数据库服务器的 API。SUN 提供的规范命名为 JDBC，而各个厂商提供的遵循 JDBC 规范并可以访问自己数据库的 API 被称为驱动。JDBC 操作不同的数据库仅仅是连接方式上的差异而已，使用 JDBC 的应用程序一旦和数据库建立连接，就可以使用 JDBC 提供的 API 操作数据库，如图 7.1 所示。

JDBC 是接口，而 JDBC 驱动才是接口的实现，没有驱动无法完成数据库连接，每个数据库厂商都有自己的驱动，用来连接自己公司的数据库。

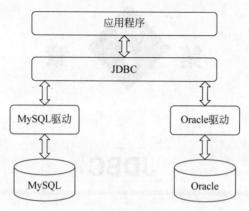

图 7.1　JDBC 的执行原理

7.1.2　JDBC 核心类

JDBC 的核心类有四个：DriverManager、Connection、Statement 和 ResultSet。

（1）DriverManger 是驱动管理器类，它的作用：一是注册驱动，这可以让 JDBC 知道要使用哪个驱动；二是获取 Connection，如果可以获取到 Connection，那么说明已经与数据库连接上了。

（2）Connection 表示与数据库创建的连接，与数据库的通信都是通过这个对象展开的，其中，Connection 最为重要的一个方法就是用来获取 Statement 对象。

（3）Statement 是操作数据库 SQL 语句的对象，这样数据库就会执行发送过来的 SQL 语句，完成增删改查等操作。

（4）ResultSet 表示查询结果集，只有在执行查询操作后才会有结果集的产生，数据库在执行查询操作后的结果存储于 ResultSet 对象中。

7.2　JDBC 入门案例

7.2.1　准备数据

MySQL 是世界上最流行的开源数据库管理系统，很多网站都提供了免费下载。首先我们下载 MySQL 并进行安装，然后启动 MySQL 数据库服务，就可以开始操作了，下面代码依次是创建数据库 fy，创建类别表 category，并输入数据的 SQL 指令。我们将使用 JDBC 对类别表进行增删改查操作。

```
#创建数据库
CREATE DATABASE fy;
#使用数据库
USE fy;
###创建分类表
CREATE TABLE category (
  category_id INT(11) NOT NULL ,
  category_name VARCHAR(40) DEFAULT NULL,
```

```
  PRIMARY KEY (category_id)
)
INSERT INTO category VALUES (1，'简介');
INSERT INTO category VALUES (2，'规划');
INSERT INTO category VALUES (3，'机构');
INSERT INTO category VALUES (4，'研创');
INSERT INTO category VALUES (5，'成果');
INSERT INTO category VALUES (6，'合作');
INSERT INTO category VALUES (7，'交流');
```

7.2.2 导入驱动 jar 包

创建名称为 testJDBC 的 Dynamic Web Project，复制数据库驱动程序包到 WebContext/WEB-INF/lib 目录中，选择 jar 包，右击执行 build path / Add to Build Path，创建项目目录如图 7.2 所示。

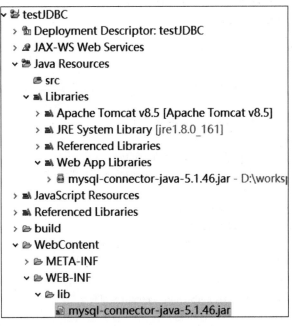

图 7.2　项目目录

7.2.3 开发步骤

（1）导入连接 MySQL 数据库所需要的 jar 包。创建工程，在当前工程下导入 MySQL 数据库对应的驱动程序 jar 包。如本案例导入图 7.2 所示 mysql-connector-java-5.1.46-bin.jar。

（2）注册驱动。使用 Class.forName 方法即加载数据库驱动。

```
try {
        Class.forName("com.mysql.jdbc.Driver");
} catch (Exception e) {
        e.printStackTrace();
}
```

(3)获取连接。通过 DriverManager.getConnection()获取数据库连接,返回一个实现了 Connection 接口的对象。

(4)利用 Connection 对象创建 Statement,获得执行 SQL 语句的对象,发送 SQL 语句访问数据库。

(5)执行 SQL 语句,并返回结果。执行查询使用的是 executeQuery()方法,该方法返回的是 ResultSet 对象,ResultSet 封装了查询结果,我们称之为结果集。

(6)处理结果。ResultSet 是一个结果集对象,可以调用它的 next()方法获取每一条记录。

(7)关闭连接。

7.2.4 案例实现

下面的例子是创建一个测试类,查询并在控制台显示类别表中所有信息。

【示例代码 7.1】 查询类别表中的所有信息。

源文件名:TestJDBC.java

```java
public class TestJDBC{
  @Test
  public void testJDBC1() throws Exception{
      //1 注册驱动
      Class.forName("com.mysql.jdbc.Driver");
      //2 获得连接
      String url = "jdbc:mysql://localhost:3306/fy";
      Connection conn = DriverManager.getConnection(url, "root", "root");
      //3 获得 Statement 对象
      Statement st=conn.createStatement();
      //4 执行 SQL 语句,获得 ResultSet 对象
      ResultSet rs= st.executeQuery("select * from category");
      //5 遍历结果集
      while(rs.next()){
          System.out.println(rs.getString("category_id")+
          rs.getString("category_name"));
      }
      //6 释放资源
      conn.close();
  }
}
```

7.2.5 预处理语句对象

JDBC 中还提供了更高效率的预处理语句对象 PreparedStatement,它能针对连接的数据库事先将 SQL 语句解释为数据库底层命令,然后让数据库去执行这个命令。在对 SQL 进行预处理时可以使用通配符"?"来代替字段的值,只要在预处理语句执行前再设置通配符所表示的具体值即可。

预处理语句对象设置通配符"?"的常用方法有:

void setDate(int parameterIndex, Date x)
void setDouble(int parameterIndex, Double x)
void setFloat(int parameterIndex, Float x)
void setInt(int parameterIndex, int x)
void setLong(int parameterIndex, long x)
void setString(int parameterIndex, String x)

下面的例子使用预处理对象添加类别到类别表中。

【示例代码 7.2】 添加信息到类别表。

源文件名称：TestJDBC.java

```
@Test
    public void testJDBC2() throws Exception{
        //1 注册驱动
        Class.forName("com.mysql.jdbc.Driver");
        //2 获得连接
        String url = "jdbc:mysql://localhost:3306/fy";
        Connection conn = DriverManager.getConnection(url, "root", "root");
        //3 获得 PreparedStatement 对象
                                        String sql = "insert into category values(?,?)";
        PreparedStatement psmt = conn.prepareStatement(sql);
                    //4 设置具体参数
        psmt.setString(1,"201");
                        psmt.setString(2,"非遗资讯");
        //5 执行 sql
                        int r = psmt.executeUpdate();
        System.out.println(r);
                //6 释放资源
        conn.close();
    }
```

7.3 添加信息类别

我们通过添加信息类别的例子来掌握 JDBC 的具体应用。运行项目 addCategory，显示如图 7.3 所示界面，可以输入类别 id 和类别名称后单击"确认添加"按钮，或者单击"显示类别列表"按钮显示类别信息，结果如图 7.4 所示。

图 7.3 添加信息类别页面

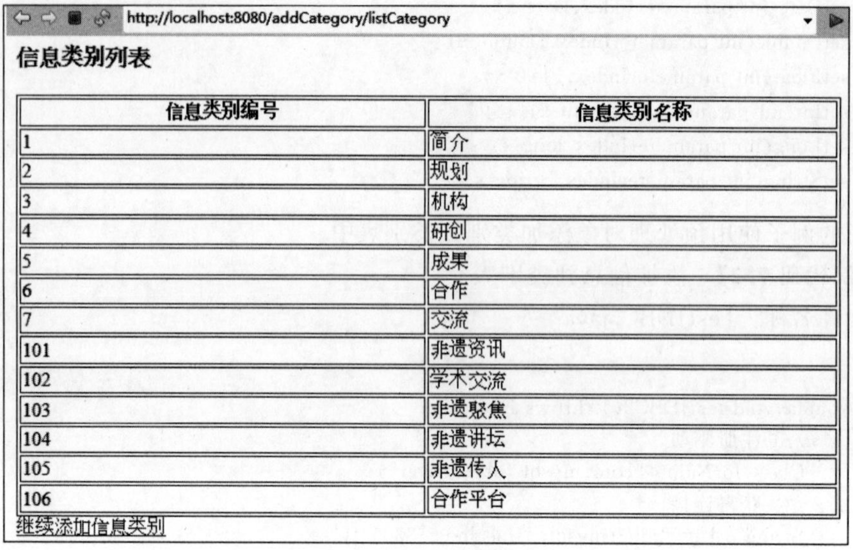

```
┌─────────────────────────────────────────────────────────────┐
│ ← → ⌂ [ http://localhost:8080/addCategory/listCategory  ] ▸ │
│ 信息类别列表                                                │
│ ┌──────────────────────┬──────────────────────┐             │
│ │    信息类别编号      │    信息类别名称      │             │
│ ├──────────────────────┼──────────────────────┤             │
│ │ 1                    │ 简介                 │             │
│ │ 2                    │ 规划                 │             │
│ │ 3                    │ 机构                 │             │
│ │ 4                    │ 研创                 │             │
│ │ 5                    │ 成果                 │             │
│ │ 6                    │ 合作                 │             │
│ │ 7                    │ 交流                 │             │
│ │ 101                  │ 非遗资讯             │             │
│ │ 102                  │ 学术交流             │             │
│ │ 103                  │ 非遗聚焦             │             │
│ │ 104                  │ 非遗讲坛             │             │
│ │ 105                  │ 非遗传人             │             │
│ │ 106                  │ 合作平台             │             │
│ └──────────────────────┴──────────────────────┘             │
│ 继续添加信息类别                                            │
└─────────────────────────────────────────────────────────────┘
```

图 7.4　显示信息类别页面

在 addCategory 项目中,根据数据库 fy 中的 category 表在 org. pxxy. domain 包中创建了实体类 Category. java,在 org. pxxy. utils 包中创建了数据库连接工具类 ConnectionMySQL. java,在 org. pxxy. dao 包中创建了数据库操作类 CategoryDao. java,在 org. pxxy. Servlet 包中创建了添加类别的 AddCategoryServlet 和显示类别的 ListCategoryServlet,在 org. pxxy. filter 包中创建了字符编码过滤器 CharacterEncodingFilter. java,还有两个 JSP 文件 add. jsp 和 list. jsp,程序源代码如下:

【示例代码 7.3】 category 实体类。

源文件名称:Category. java

```java
public class Category {
    private Integer category_id;
    private String category_name;
    public Integer getCategory_id() {
        return category_id;
    }
    public void setCategory_id(Integer category_id) {
        this.category_id = category_id;
    }
    public String getCategory_name() {
        return category_name;
    }
    public void setCategory_name(String category_name) {
        this.category_name = category_name;
    }
}
```

实体类中的属性对应表中的字段。

【示例代码 7.4】 数据库连接工具类。

源文件名称:ConnectionMySQL. java

```java
//连接数据库的工具类
public class ConnectionMySQL {
    //驱动程序
    static final String DRIVERNAME = "com.mysql.jdbc.Driver";
    //数据库路径
    static final String DBURL = "jdbc:mysql://localhost:3306/fy";
    static final String USERNAME = "root";
    static final String USERPASSWORD = "root";
    //数据库连接对象
    static Connection DBCONN = null;
    //加载数据库驱动
    static {
        try {
            Class.forName(DRIVERNAME);
            System.out.println("加载数据库驱动成功");
        } catch (Exception e) {
            e.printStackTrace();
            System.out.print("加载数据库驱动失败");
        }
    }
    //得到数据库连接对象
    public static Connection getConn() throws SQLException {
        if (DBCONN == null) {
            DBCONN = DriverManager.getConnection(DBURL, USERNAME, USERPASSWORD);
            return DBCONN;
        }
        return DBCONN;
    }
}
```

这个项目使用的是本地机器上的 MySQL 数据库 fy，用户名是 root，密码也是 root，程序使用静态代码块加载驱动，并定义了取得数据库连接的类方法。

【示例代码 7.5】 数据库操作类。

源文件名称：CategoryDao.java

```java
public class CategoryDao {
    static Connection con = null;
    static PreparedStatement pstmt = null;
    static Statement stmt = null;
    static ResultSet rs = null;
    //查找表中所有数据
    public List<Category> findAllCategory() {
        List<Category> categoryList = new ArrayList<Category>();
        Category category = null;
        try {
            con = ConnectionMySQL.getConn();
            String sql = "select * from category";
            pstmt = con.prepareStatement(sql);
            rs = pstmt.executeQuery();
            while (rs.next()) {
```

```java
                category = new Category();
                category.setCategory_id(rs.getInt("category_id"));
                category.setCategory_name(rs.getString("category_name"));
                categoryList.add(category);
            }
            con.close();
            return categoryList;
        } catch (SQLException e) {
            e.printStackTrace();
            return categoryList;
        }
    }
    //添加数据
    public boolean addCategory(Category category) {
        try {
            con = ConnectionMySQL.getConn();
            String sql = "insert into category values('" + category.getCategory_id() + "','"
                    + category.getCategory_name() + "')";
            pstmt = con.prepareStatement(sql);
            pstmt.execute();
            con.close();
            return true;
        } catch (SQLException e) {
            e.printStackTrace();
            return false;
        }
    }
}
```

这个文件定义了两种方法：findAllCategory 方法用于查找表中的所有记录并读入到数组中，addCategory 方法用于添加记录。

【示例代码 7.6】 显示信息类别的 Servlet。

源文件名称：ListCategory.java

```java
@WebServlet("/listCategory")
public class ListCategory extends HttpServlet {
    private static final long serialVersionUID = 1L;
    protected void doGet(HttpServletRequest request, HttpServletResponse response) throws ServletException, IOException {
        CategoryDao categoryDao = new CategoryDao();
        List<Category> categoryList=categoryDao.findAllCategory();
        request.setAttribute("CgList",categoryList);
        request.getRequestDispatcher("/list.jsp").forward(request, response);
    }
    protected void doPost(HttpServletRequest request, HttpServletResponse response) throws ServletException, IOException {
        doGet(request, response);
    }
}
```

【示例代码 7.7】 添加信息类别的 Servlet。

源文件名称：AddCategory.java

```java
@WebServlet("/addCategory")
public class AddCategory extends HttpServlet {
    private static final long serialVersionUID = 1L;
    protected void doGet(HttpServletRequest request, HttpServletResponse response) throws ServletException, IOException {
        CategoryDao categoryDao = new CategoryDao();
        Category category = new Category();
        category.setCategory_id(Integer.parseInt(request.getParameter("category_id")));
        category.setCategory_name(request.getParameter("category_name"));
        categoryDao.addCategory(category);
        request.getRequestDispatcher("/listCategory").forward(request, response);
    }
    protected void doPost(HttpServletRequest request, HttpServletResponse response) throws ServletException, IOException {
        doGet(request, response);
    }
}
```

添加信息类别成功后跳转到显示信息类别的 Servlet，然后将信息类别列表封装到 request 对象中，跳转到 list.jsp 页面。

【示例代码 7.8】 字符编码过滤器。

源文件名称：CharacterEncodingFilter.java

```java
@WebFilter(filterName="/CharactorEncodingFilter",urlPatterns="/*")
public class CharacterEncodingFilter implements Filter {
    public void destroy() {}
    public void doFilter(ServletRequest request, ServletResponse response, FilterChain chain) throws IOException, ServletException {
        request.setCharacterEncoding("UTF-8");
        response.setCharacterEncoding("UTF-8");
        chain.doFilter(request, response);
    }
    public void init(FilterConfig fConfig) throws ServletException {}
}
```

【示例代码 7.9】 添加信息类别页面。

源文件名称：add.jsp

```jsp
//添加信息类别的 form 表单
<form action="addCategory" method="post">...</form>
```

【示例代码 7.10】 显示信息类别页面。

源文件名称：list.jsp

```jsp
//显示信息类别的页面
<%
    List<Category> list=(List<Category>)request.getAttribute("CgList");
```

```
            %>
            <h3>信息类别列表</h3>
            <table style="width: 700px;" border=1>
                <tr>
                    <th style="width: 160px;">信息类别编号</th>
                    <th style="width: 160px;">信息类别名称</th>
                </tr>
                <%for(Category category:list){%>
                <tr>
                    <td style="width: 160px;"><%=category.getCategory_id() %></td>
                    <td style="width: 160px;"><%=category.getCategory_name() %></td>
                </tr>
                <% } %>
            </table>
```

在这个页面中,用循环遍历由 request 传递过来的数组,以表格的形式显示出来。

7.4 JDBC 实现增删改查

我们通过新闻管理案例来进一步学习使用 JDBC 操作 MySQL 数据库完成增删改查的操作,fy_jdbc 项目中使用的数据库名 fy,表名为 info,表的结构如表 7.1。

表 7.1 新闻表 info 的结构

字 段	字 段 名	类型(长度)	主 键 否
新闻 ID	info_id	int	主键
新闻标题	info_title	varchar(255)	
用于新闻详细页面	info_contentTitle	varchar(255)	
内容摘要	info_contentAbstract	varchar(255)	
新闻内容	info_content	text	
作者(来源)	info_author	varchar(40)	
发布时间	info_publishTime	char(40)	
是否发布	info_publishStatus	int	
排序	info_sort	int	
所属分类	category_id	int	

7.4.1 创建新闻实体类

首先根据 info 表的结构创建实体类,实体类的属性对应表中的各个字段。

【示例代码 7.11】 新闻实体类。

源文件名称:Info.java

```
public class Info {
    private Integer info_id;                      // 信息编号
    private String info_title;                    // 标题(用于列表页面)
    private String info_contentTitle;             // 用于详细信息页面
    private String info_contentAbstract;          // 内容摘要
```

```
private String info_content;              // 信息内容
private String info_author;               // 作者(来源)
private Date info_publishTime;            // 发布时间
private String info_publishStatus;
private Integer info_sort;
private Integer category_id;
//此处忽略所有 setter/getter 方法}
```

7.4.2 创建 JDBC 工具类

为了方便 JDBC 操作,我们创建一个 JDBC 工具类,在这个类中定义一个创建连接类方法。

【示例代码 7.12】 JDBC 工具类。

源文件名称:ConnectMySQL.java

```
public class ConnectMySQL {
public static Connection getConn() {
    try {
        Class.forName("com.mysql.jdbc.Driver");
        try {
                Connection conn = (Connection)
            DriverManager.getConnection("jdbc:mysql://localhost:3306/fy","root","root");
            return conn;
        } catch (SQLException e) {

            e.printStackTrace();
            return null;
        }
    } catch (ClassNotFoundException e) {

        e.printStackTrace();
        return null;
    }

}
}
```

7.4.3 创建数据库操作类

创建一个能对新闻表中的新闻进行操作的类,其中包括增加、删除、查询所有记录,根据 id 查询记录和修改记录方法。

【示例代码 7.13】 数据库操作类。

源文件名称:InfoDao.java

```
public class InfoDao {
//添加新闻
public boolean add(Info info) {
    Connection conn = ConnectMySQL.getConn();
    String sql = "insert into info (info_author, info_content, info_contentAbstract, info_contentTitle,
```

```java
            info_publishStatus,info_publishTime,info_sort,info_title,category_id) values(?,?,?,?,?,?,?,?,?)";
    try {
        PreparedStatement ps = conn.prepareStatement(sql);
        ps.setString(1, info.getInfo_author());
        ps.setString(2, info.getInfo_content());
        ps.setString(3, info.getInfo_contentAbstract());
        ps.setString(4, info.getInfo_contentTitle());
        ps.setString(5, info.getInfo_publishStatus());
        ps.setDate(6, new
        java.sql.Date(info.getInfo_publishTime().getTime()));
        ps.setInt(7, info.getInfo_sort());
        ps.setString(8, info.getInfo_title());
        ps.setInt(9, info.getCategory_id());
        int flag = ps.executeUpdate();
        ps.close();
        conn.close();
        if (flag >= 1) {
            return true;
        } else {
            return false;
        }
    } catch (SQLException e) {
        e.printStackTrace();
        return false;
    }
}
//删除新闻
public boolean del(String id) throws SQLException {
    String sql = "delete from info where info_id = '" + id + "'";
    Connection conn = ConnectMySQL.getConn();
    PreparedStatement ps = conn.prepareStatement(sql);
    int flag = ps.executeUpdate();
    conn.close();
    ps.close();
    if (flag >= 1)
        return true;
    else
        return false;
}
//查询所有新闻
public List<Info> queryList() {
    String sql = "select * from info";
    List<Info> list = new ArrayList<Info>();
    Connection conn = ConnectMySQL.getConn();
    try {
        PreparedStatement ps = conn.prepareStatement(sql);
        ResultSet rs = ps.executeQuery();
        while (rs.next()) {
            Info info = new Info();
            info.setInfo_id(rs.getInt(1));
            info.setInfo_author(rs.getString(2));
```

```java
                info.setInfo_content(rs.getString(3));
                info.setInfo_contentAbstract(rs.getString(4));
                info.setInfo_contentTitle(rs.getString(5));
                info.setInfo_publishStatus(rs.getString(7));
                info.setInfo_publishTime(rs.getDate(8));
                info.setInfo_sort(rs.getInt(9));
                info.setInfo_title(rs.getString(10));
                info.setCategory_id(rs.getInt(11));
                list.add(info);
            }
            rs.close();
            ps.close();
            conn.close();
        } catch (SQLException e) {

            e.printStackTrace();
        }
        return list;
    }
    //根据id查询新闻
    public Info queryById(int id) throws SQLException {
        String sql = "select * from info where info_id = '" + id + "'";
        Connection conn = ConnectMySQL.getConn();
            PreparedStatement ps = (PreparedStatement) conn.prepareStatement(sql);
        ResultSet rs = ps.executeQuery();
        Info info = new Info();
        while (rs.next()) {
            info.setInfo_id(rs.getInt(1));
            info.setInfo_author(rs.getString(2));
            info.setInfo_content(rs.getString(3));
            info.setInfo_contentAbstract(rs.getString(4));
            info.setInfo_contentTitle(rs.getString(5));
            info.setInfo_publishStatus(rs.getString(7));
            info.setInfo_publishTime(rs.getDate(8));
            info.setInfo_sort(rs.getInt(9));
            info.setInfo_title(rs.getString(10));
            info.setCategory_id(rs.getInt(11));
        }
        rs.close();
        ps.close();
        conn.close();
        return info;

    }
    //修改新闻
    public boolean update(Info info) throws SQLException {
        String sql = "update info set info_title = '" +
        info.getInfo_title() + "'" + ", info_content = '"
            + info.getInfo_content() + "', info_contentAbstract = '" +
        info.getInfo_contentAbstract()
            + "', info_contentTitle = '" +
        info.getInfo_contentTitle() + "', info_publishStatus = '"
```

```
        + info.getInfo_publishStatus() + "', info_sort = '" +
info.getInfo_sort() + "', info_author = '"
        + info.getInfo_author() + "', category_id = '" +
info.getCategory_id() + "' where info_id = '"
        + info.getInfo_id() + "'";
    Connection conn = ConnectMySQL.getConn();
    PreparedStatement ps = (PreparedStatement)
conn.prepareStatement(sql);
    try {
        int flag = ps.executeUpdate();
        ps.close();
        conn.close();
        if (flag >= 1)
            return true;
        else
            return false;
    } catch (SQLException e) {

        e.printStackTrace();
        return false;
    }
}
}
```

7.4.4 创建新闻管理 Servlet

为了实现对新闻的增删改查,创建 Servlet。

【示例代码 7.14】 新闻管理 Servlet。

源文件名称:InfoServlet.java

```
public class InfoServlet extends HttpServlet {
    protected void doGet(HttpServletRequest request,
HttpServletResponse response) throws UnsupportedEncodingException {
        doPost(request, response);
}
    protected void doPost(HttpServletRequest request,
HttpServletResponse response) throws UnsupportedEncodingException {
        String flag = request.getParameter("flag");
        switch (flag) {
        case "add":
            this.add(request, response);
            break;
        case "del":
            this.del(request, response);
            break;
        case "update":
            try {
                this.update(request, response);
            } catch (SQLException e) {
```

```java
                e.printStackTrace();
            }
            break;
        case "queryList":
            this.queryList(request, response);
            break;
        case "queryForUpdate":
            this.queryForUpdate(request, response);
            break;
        case "skip":
            this.skip(request, response);
            break;
        }
    }
    //新闻列表信息跳转
    public void skip(HttpServletRequest request, HttpServletResponse response) {
        InfoDao infoDao = new InfoDao();
        List<Info> list = infoDao.queryList();
        request.setAttribute("infoList", list);
        request.setAttribute("flag", request.getParameter("flagMessage"));
        try {
            request.getRequestDispatcher("infoList.jsp").forward(request, response);
        } catch (ServletException e) {

            e.printStackTrace();
        } catch (IOException e) {

            e.printStackTrace();
        }
    }
    //新闻添加
    public void add(HttpServletRequest request, HttpServletResponse response) throws UnsupportedEncodingException {
        Info info = new Info();
        info.setInfo_author(request.getParameter("info_author"));
        info.setInfo_content(request.getParameter("info_content"));
        info.setInfo_contentAbstract(request.getParameter("info_contentAbstract"));
        info.setInfo_contentTitle(request.getParameter("info_contentTitle"));
        info.setInfo_publishStatus(request.getParameter("info_publishStatus"));
        info.setInfo_publishTime(new Date());
        info.setInfo_sort(Integer.parseInt(request.getParameter("info_sort")));
        info.setInfo_title(request.getParameter("info_title"));
        info.setCategory_id(Integer.parseInt(request.getParameter("category_id")));
        InfoDao infoDao = new InfoDao();
        boolean flag = infoDao.add(info);
        if (flag) {
            try {
                response.sendRedirect("/fy_jdbc/info?flagMessage=success&flag=skip");
            } catch (IOException e) {
```

```java
                    e.printStackTrace();
                }
            } else {
                try {
                    response.sendRedirect("/fy_jdbc/info?flagMessage=error&flag=skip");
                } catch (IOException e) {

                    e.printStackTrace();
                }
            }
        }

        //新闻删除
        public void del(HttpServletRequest request, HttpServletResponse response) {
            InfoDao infoDao = new InfoDao();
            try {
                boolean flag = infoDao.del(request.getParameter("id"));
                if (flag) {
                        response.sendRedirect("/fy_jdbc/info?flagMessage=success&flag=skip");
                } else {
                        response.sendRedirect("/fy_jdbc/info?flagMessage=error&flag=skip");
                }
            }
        }

        //新闻更新
        public void update(HttpServletRequest request, HttpServletResponse response) throws SQLException {
            Info info = new Info();
            info.setInfo_author(request.getParameter("info_author"));
            info.setInfo_content(request.getParameter("info_content"));
            info.setInfo_contentAbstract(request.getParameter("info_contentAbstract"));
            info.setInfo_contentTitle(request.getParameter("info_contentTitle"));
            info.setInfo_publishStatus(request.getParameter("info_publishStatus"));
            info.setInfo_publishTime(new Date());
            info.setInfo_sort(Integer.parseInt(request.getParameter("info_sort")));
            info.setInfo_title(request.getParameter("info_title"));
            info.setInfo_id(Integer.parseInt(request.getParameter("info_id")));
            info.setCategory_id(Integer.parseInt(request.getParameter("category_id")));
            InfoDao infoDao = new InfoDao();
            boolean flag = infoDao.update(info);
            if (flag) {
                try {
                response.sendRedirect("/fy_jdbc/info?flagMessage=success&flag=skip");
                } catch (IOException e) {
                    e.printStackTrace();
                }
                } else {
                response.sendRedirect("/fy_jdbc/info?flagMessage=error&flag=skip");
                }
        }

        //新闻查询更新
        public void queryForUpdate(HttpServletRequest request,
HttpServletResponse response) {
```

```java
        InfoDao infoDao = new InfoDao();
        int id = Integer.parseInt(request.getParameter("id"));
        try {
            Info info = infoDao.queryById(id);
            try {
                    request.setAttribute("info", info);
                request.getRequestDispatcher("updateInfo.jsp").forward(request, response);
            } catch (ServletException e) {
                e.printStackTrace();
            } catch (IOException e) {
                e.printStackTrace();
            }
        } catch (SQLException e) {
            e.printStackTrace();
        }
    }
    //新闻列表查询
    public void queryList(HttpServletRequest request, HttpServletResponse response) {
        InfoDao infoDao = new InfoDao();
        List<Info> list = infoDao.queryList();
        request.setAttribute("infoList", list);
        try {
            request.getRequestDispatcher("infoList.jsp").forward(request, response);
        } catch (ServletException e) {
            e.printStackTrace();
        } catch (IOException e) {
            e.printStackTrace();
        }
    }
}
```

为了在页面中能处理中文字符,还要创建字符过滤器,过滤器示例代码参照示例代码 7.8。

7.4.5 配置 web.xml

如果没有使用注解,要正确启动 Servlet 和 Filter 就必须在 web.xml 文件中正确配置。

【示例代码 7.15】 配置文件 web.xml。

源文件名称:web.xml

```xml
<?xml version="1.0" encoding="UTF-8"?>
<web-app xmlns=http://xmlns.jcp.org/xml/ns/javaee
    xmlns:xsi="http://www.w3.org/2001/XMLSchema-instance"
    xsi:schemaLocation="http://xmlns.jcp.org/xml/ns/javaee
        http://xmlns.jcp.org/xml/ns/javaee/web-app_4_0.xsd"
    version="4.0" metadata-complete="true">
    <filter>
        <filter-name>CharacterEncodingFilter</filter-name>
            <filter-class>com.fy.servlet.CharacterEncodingFilter</filter-class>
```

```xml
        </filter>
        <filter-mapping>
            <filter-name>CharacterEncodingFilter</filter-name>
            <url-pattern>/*</url-pattern>
        </filter-mapping>
        <servlet>
            <servlet-name>info</servlet-name>
            <servlet-class>com.fy.servlet.InfoServlet</servlet-class>
        </servlet>
        <servlet-mapping>
            <servlet-name>info</servlet-name>
            <url-pattern>/info</url-pattern>
        </servlet-mapping>
</web-app>
```

7.4.6 显示页面

下面是这个系统需要的几个 JSP 页面,其中包括新闻列表页、添加新闻页和修改新闻页。

【示例代码 7.16】 新闻列表页。

源文件名:infoList.jsp

```jsp
//显示新闻列表页面 table
<table style="text-align: center;">
    <tbody>
        <c:forEach items="${infoList}" var="info" varStatus="s">
            <tr>
                <td>${info.info_author}</td>
                <td>${info.info_title}</td>
                <td>${info.info_contentAbstract}</td>
                <td>${info.info_contentTitle}</td>
                <td><c:if test="${info.info_publishStatus == 0}">
                    发布
                </c:if><c:if test="${info.info_publishStatus == 1}">
                    未发布
                </c:if></td>
                <td><c:if test="${info.category_id == 0}">
                    非遗资讯
                </c:if><c:if test="${info.category_id == 1}">
                    非遗聚焦
                </c:if></td>
                <td>${info.info_sort}</td>
                <td><a href="/fy_jdbc/info?flag=del&id=${info.info_id}">删除</a>|
                    <a href="/fy_jdbc/info?flag=queryForUpdate&id=${info.info_id}">修改</a>
                </td>
            </tr>
        </c:forEach>
```

页面显示效果如图 7.5 所示。

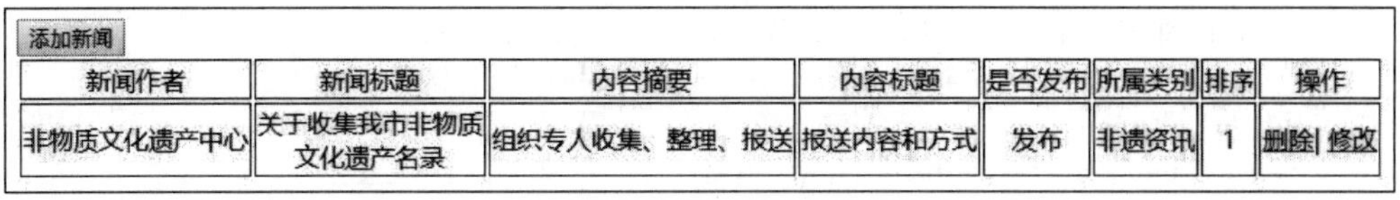

新闻作者	新闻标题	内容摘要	内容标题	是否发布	所属类别	排序	操作
非物质文化遗产中心	关于收集我市非物质文化遗产名录	组织专人收集、整理、报送	报送内容和方式	发布	非遗资讯	1	删除| 修改

图 7.5 页面显示效果

【示例代码 7.17】 添加新闻页。

源文件名称：addInfo.jsp

```
//添加新闻页面的 form 表单
<form action="info" method="post" accept-charset="UTF-8">
        <label>新闻作者：</label><input name="info_author" type="text" /><br>
        <label>新闻标题：</label><input name="info_title" type="text" /><br>
        <label>新闻内容：</label><input name="info_content" type="text" /> <br>
        <label>内容摘要：</label><input name="info_contentAbstract" type="text" /><br>
        <label>新闻排序：</label><input name="info_sort" type="text" /><br>
        <label>内容标题：</label><input name="info_contentTitle"
        type="text" /><br><label>是否发布：</label><select
        name="info_publishStatus">
        <option value="0">发布</option>
        <option value="1">不发布</option>
            </select><br><label>新闻分类：</label><select name="category_id">
        <option value="0">非遗资讯</option>
        <option value="1">非遗聚焦</option>
        </select><br><input type="submit" value="保存"><br><input
        name="flag" value="add" type="text" style="display: none;" />
</form>
```

该页面显示效果如图 7.6 所示。

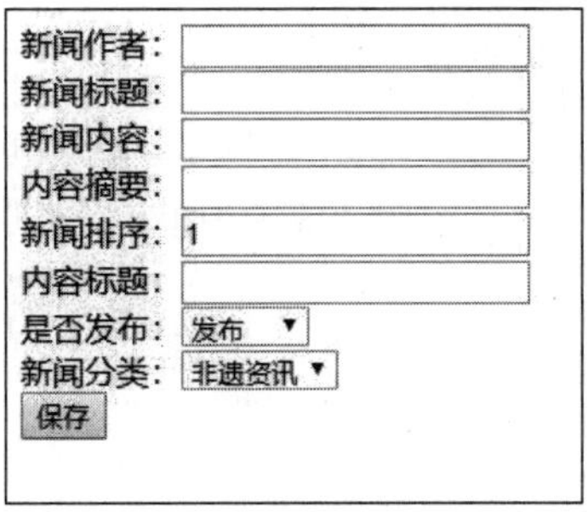

图 7.6 页面显示效果

【示例代码 7.18】 修改新闻页。

源文件名称：updateInfo.jsp

```
//修改新闻页面的 form 表单
<form action="info" method="post" accept-charset="UTF-8">
    <label>新闻作者：</label><input name="info_author" type="text"
        value="${info.info_author}" /><br><label>新闻标题：
```

```
</label><input
    name="info_title" type="text" value="${info.info_title}" /><br>
<label>新闻内容：</label><input name="info_content" type="text"
    value="${info.info_content}" /><br><label>内容摘要：
</label><input
name="info_contentAbstract" type="text"
    value="${info.info_contentAbstract}" /><br><label>新闻排序：
</label><input
name="info_sort" value="${info.info_sort}"
type="text" /><br><label>内容标题：</label><input
name="info_contentTitle" value="${info.info_contentTitle}"
type="text" /><br><label>是否发布：</label><select
name="info_publishStatus" value="${info.info_publishStatus}">
    <option value="0">发布</option>
    <option value="1">不发布</option>
</select><br><label>新闻分类：</label><select name="category_id"
    value="${info.category_id}">
    <option value="0">非遗资讯</option>
    <option value="1">非遗聚焦</option>
</select><br><input type="submit" value="修改"><br><input
    name="flag" value="update" type="text" style="display: none;" /><input
    name="info_id" value="${info.info_id}" type="text"
    style="display: none;" />
</form>
```

修改信息页面的显示效果如图 7.7 所示。

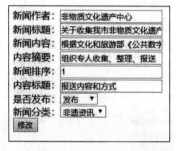

图 7.7　修改信息页面的显示效果

7.5　本章小结

（1）JDBC 的几个核心类：DriverManager、Connection、Statement、PreparedStatement 和 ResultSet。

（2）JDBC 的开发步骤。

（3）用 JDBC 实现增删改查。

MVC 模式及项目整合

本章目标:
- 了解设计模式的概念
- 掌握 MVC 设计模式
- 掌握使用 MVC 设计模式开发网站

8.1 MVC 设计模式

8.1.1 理解 MVC 设计模式

在软件开发领域,设计模式(Design pattern)就是对于某一类软件设计问题的可重用的解决方案,是一套被反复使用、经过分类编目、多数人知晓的代码设计经验总结。将设计模式引入软件开发和设计过程,目的就是为了充分利用已有的软件开发经验和成果。

MVC 设计模式是 20 世纪 80 年代为 Smalltalk-80 编程语言发明的一种软件设计模式,它是一种分离业务逻辑与显示界面的设计方法,目前已经被广泛地应用。MVC 设计模式有助于将应用程序分割成若干逻辑部件,使程序设计变得更加容易,譬如,按照 MVC 模式的架构,一个软件系统通常可分为数据系统、表现系统和交互系统。

MVC 将各模块之间的耦合程度降至最低,这使得 MVC 设计模式构建的应用系统具有极高的可维护性、可扩展性、可移植性和组件可复用性。当前许多应用系统和开发环境都使用 MVC 作为它们的基础架构。

8.1.2 Model 1 介绍

早期的 JSP 规范提出了两种用 JSP 技术建立应用程序的体系模式。这两种体系模式在术语中分别称作 Model 1 和 Model 2,它们的本质区别在于处理批量请求的位置不同。

在 Model 1 体系中,采用 JSP+JavaBean 技术,JSP 页面负责处理请求和输出响应结果,并将其中发生的一些业务逻辑交给 JavaBean 处理,如图 8.1 所示。这个体系存在一个最大的特点:表达与内容的分离,JSP 页面独自响应请求并将处理结果返回客户端,数据存取都是由 JavaBean 来完成的。

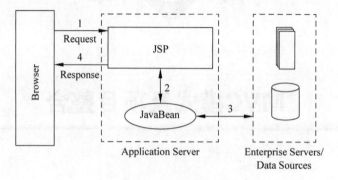

图 8.1 Model 1 体系结构

8.1.3 基于 MVC 设计模式的 Model 2

Model 2 和 Model 1 最大的区别是引入了 MVC 设计模式的概念,即 M(Mode 1:模型)、V(View:视图)、C(Controller:控制器)分离,它综合采用 Servlet+JSP+JavaBean 技术,由模型部分负责管理程序的业务数据,视图部分负责显示界面,控制器部分则负责与用户进行交互(接收用户请求和选择响应视图),如图 8.2 所示。

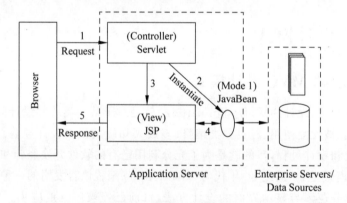

图 8.2 Model 2 体系结构

8.1.4 MVC 设计模式的优势

Model 2 体系结构中,如图 8.2 所示,Servlet 扮演着控制器的角色,当它接收到客户端的请求后,首先创建和调用相应的 JavaBean 来完成具体的业务逻辑,然后调用合适的 JSP 页面来产生显示内容。因为 JSP 页面可以直接使用模板元素来产生网页文档的内容,同时可以获取 JavaBean 中的数据,根据这一特点,JSP 页面在 Model 2 中专门负责视图显示层,即只产生要输出给客户端的显示内容。JavaBean 充当了数据模型的角色。

相比 Model 1,Model 2 中 Servlet 不再担负生成显示内容的任务,只负责控制业务流程的任务,而 JSP 页面中没有任何业务流程和商业逻辑,它只是简单地从 Servlet 先前创建好的 JavaBean 对象中检索数据,再将这些数据动态插入预定义的模板中,不懂得 Java 代码的普通 HTML 设计人员完全可以编写和维护 JSP 页面。显然,Model 2 将 Java 应用程序开发者和网页制作者的工作进行了有效分离,让 Java 程序员专注于 Java 程序代码的编写,而 HTML 设计人员专注于页面的显示。在 Model 2 中,只要各个组件相互连接的接口保持不变,任意一个组件发生修改,其他组件都不用随之改变,例如,HTML 设计人员可以改变页面显示的外观,根本就不需要告诉负责 Servlet 开发的 Java 程序员。在这种开发模式中,一个 Web 应用程序可以由一个 Servlet 来控制其整个业务流程,也可以由多个 Servlet 来分别控制该应用程序中的各个用例的业务流程。例如,用户注册和用户登录是一个 Web 应用中的两个用例,它们的业务流程可以由一个 Servlet 进行统一控制,也可以由两个 Servlet 来单独控制。

8.2 深入 MVC

8.2.1 MVC 处理过程

在 MVC 架构中,一个应用被分成三个部分:模型、视图和控制器。

1. 模型

模型是应用程序的主体部分,模型表示业务数据和业务逻辑。一个模型能为多个视图提供业务数据,同一个模型可以被多个视图重用。在 Java Web 应用开发中由 JavaBean 来充当这个角色。

2. 视图

视图是用户看到并与之交互的界面。视图向用户展示用户感兴趣的业务数据,并能接收用户的输入数据,但是视图并不进行任何实际的业务处理。视图可以向模型查询业务数据,但不能直接改变模型中的业务数据。视图还能接收模型发出的业务数据更新事件,从而对用户界面进行同步更新。在 Java Web 应用开发中由 JSP 来充当这个角色。

3. 控制器

控制器接收用户的输入并调用模型和视图去完成用户的请求。当用户在视图上选择按钮或菜单时,控制器接收请求并调用相应的模型组件去处理请求,然后调用相应的视图来显示模型返回的数据。在 Java Web 应用开发中 Servlet 来充当这个角色。

MVC 的 3 个部分也可以看作软件的 3 个层次:第一层为视图层(JSP),第二层为控制器层(Servlet),第三层为模型层(JavaBean)。总的说来,层与层之间为自上而下的依赖关系,下层组件为上层组件提供服务。视图层与控制器层依赖模型层来处理业务逻辑和提供业务数据。此外,层与层之间还存在两处自下而上的调用:一处是控制器层调用视图层来显示业务数据,另一处是模型层通知客户层同步刷新界面。为了提高每个层的独立性,应该使每个层对外公开接口,封装实现细节。

首先用户在视图提供的界面上发出请求,视图把请求转发给控制器,控制器调用相应的模型来处理用户请求,模型进行相应的业务逻辑处理,并返回数据。最后控制器调用相应的视图来显示模型返回的数据,如图 8.3 所示。

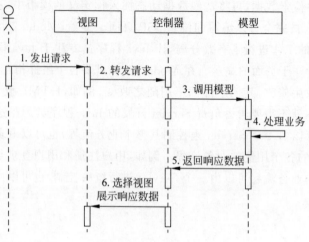

图 8.3　MVC 处理过程

8.2.2　MVC 的适用范围

使用 MVC 需要精心的设计，由于它的内部原理比较复杂，所以需要花费一些时间去理解它。将 MVC 运用到应用程序中，会带来额外的工作量，增加应用的复杂性，所以 MVC 不适合小型应用程序。但对于开发存在大量用户界面，并且业务逻辑复杂的大型应用程序，MVC 将会使软件在健壮性、代码重用性和结构方面上一个新的台阶。尽管在最初构建 MVC 框架时会花费一定的工作量，但从长远角度看，它会大大提高后期软件开发的效率。

8.3　JSP 项目整合

我们使用 Java Web 技术采用 MVC 模式来开发一个非物质文化研究中心平台网站，JSP 引擎为 Tomcat 8.5，数据库使用 MySQL 数据库，项目名称为 fy_jsp。

8.3.1　系统模块构成

系统主要模块如图 8.4 所示。

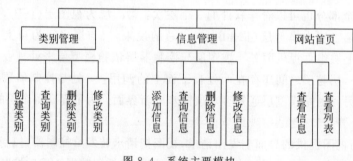

图 8.4　系统主要模块

8.3.2 数据库的设计

非物质文化研究中心平台网站为新闻资讯类系统，本系统只有一个数据库，名称为 fy。数据库 fy 中包含 3 张表，下面分别给出 3 张数据表的表结构，可参见表 8.1、表 8.2 和表 8.3。

1. 用户表 user（系统管理员用户表）

表 8.1 用户表 user 的结构

字段	字段名	类型（长度）	是否主键
用户账号	user_name	char(12)	主键
用户密码	user_password	char(12)	

脚本如下：

```
CREATE TABLE user (
  user_name varchar(12) NOT NULL,
  user_password varchar(12) DEFAULT NULL,
  PRIMARY KEY (user_name)
)
```

2. 类别表 category（新闻资讯类别表）

表 8.2 类别表 category 的结构

字段	字段名	类型（长度）	是否主键
类别 ID	category_id	int(11)	是
类别名称	category_name	varchar(40)	否

脚本如下：

```
CREATE TABLE category (
  category_id int(11) NOT NULL ,
  category_name varchar(40) DEFAULT NULL,
  PRIMARY KEY (category_id)
)
```

3. 新闻表 info（新闻内容表）

表 8.3 新闻表 info 的结构

字段	字段名	类型（长度）	是否主键
新闻 ID	info_id	int(11)	是
作者（来源）	info_author	varchar(40)	否
新闻内容	info_content	text	
内容摘要	info_contentAbstract	varchar(255)	否
用于新闻详细页面	info_contentTitle	varchar(255)	否
排序	info_sort	int(11)	否
图片路径	info_picPath	varchar(255)	否
是否发布	info_publishStatus	int(255)	否

续表

字段	字段名	类型(长度)	是否主键
发布时间	info_publishTime	char(40)	否
新闻标题	info_title	varchar(255)	否
所属分类	category_id	int(11)	否

脚本如下：

```
CREATE TABLE info (
    info_id int(11) NOT NULL AUTO_INCREMENT,
    info_author varchar(40) DEFAULT NULL,
    info_content text,
    info_contentAbstract varchar(255) DEFAULT NULL,
    info_contentTitle varchar(255) DEFAULT NULL,
    info_sort int(11) DEFAULT NULL,
    info_picPath varchar(255) DEFAULT NULL,
    info_publishStatus varchar(255) DEFAULT NULL,
    info_publishTime char(40) DEFAULT NULL,
    info_title varchar(255) DEFAULT NULL,
    category_id int(11) DEFAULT NULL,
    PRIMARY KEY (info_id),
    FOREIGN KEY (category_id) REFERENCES category (category_id)
);
```

8.3.3 Model 层代码实现

模型层包含数据库中用户表、新闻表、新闻类别表分别对应的实体类。

【示例代码 8.1】 用户实体类。

源文件名称：User.java

```java
package org.pxxy.domain;
//用户类,对应数据库中的 user 表
public class User {
    private String user_name;           // 用户名
    private String user_password;       // 密码
}
```

【示例代码 8.2】 新闻实体类。

源文件名称：Info.java

```java
public class Info {
    private Integer info_id;                // 信息编号
    private String info_author;             // 作者(来源)
    private String info_title;              // 标题(用于列表页面)
    private String info_contentTitle;       // 用于信息详细页面
    private String info_contentAbstract;    // 内容摘要
    private String info_content;            // 信息内容
    private String info_picPath;            // 预览图片路径
    private String info_publishTime;        // 发布时间
```

```java
    private String info_publishStatus;              // 是否发布
    private Integer info_sort;                      // 排序
    private Integer category_id;                    // 所属类别编号
    private Category category;                     // 类别
    @Override
    public String toString() {
        return "Info [info_id=" + info_id + ", info_author="
                + info_author + ", info_title=" + info_title
                + ", info_contentTitle=" + info_contentTitle
                + ", info_contentAbstract=" + info_contentAbstract
                + ", info_content=" + info_content + ", info_picPath="
                + info_picPath + ", info_publishTime="
                + info_publishTime + ", info_publishStatus="
                + info_publishStatus + ", info_sort=" + info_sort
                + ", category_id=" + category_id + ", category=" + category + "]";
    }
}
```

【示例代码 8.3】 类别实体类。

源文件名称：Category.java

```java
package org.pxxy.domain;
public class Category {
    private Integer category_id;
    private String category_name;
    @Override
    public String toString() {
        return "Category [category_id=" + category_id + ", category_name=" + category_name + "]";
    }
}
```

8.3.4 Control 层

控制层包括数据库操作和 Servlet 控制器，其中还有一些字符过滤器及工具类代码都省略了，具体代码请参照本书提供的项目源代码。

本系统中的用户操作主要是管理员登录和退出，登录操作查找用户表中是否有与用户提交的用户名和密码都匹配的记录，退出操作就是删除 session 中保存的用户信息。

【示例代码 8.4】 user 表数据操作。

源文件名称：UserDao.java

```java
public class UserDao {
    static Connection connection = null;
    static PreparedStatement preparedStmt = null;
    static Statement stmt = null;
    static ResultSet resultSet = null;
    // 通过用户账号 user_Name 及密码 user_password 查询用户，若 user_Name 及 user_password
    // 都匹配则查询到一条记录，则封装在 User 类中返回，否则返回 null
    public User login(User user) {
```

```java
            try {
                connection = ConnectionMySQL.getConn();
                String sql = "select * from user where user_name='"
                        + user.getUser_name() + "' and user_password='"
                        + user.getUser_password() + "'";
                preparedStmt = connection.prepareStatement(sql);
                resultSet = preparedStmt.executeQuery();
                if (resultSet.next()) {
                    return user;
                } else {
                    return null;
                }
            } catch (SQLException e) {
                e.printStackTrace();
                return null;
            }
        }
    }
```

【示例代码 8.5】 用户登录操作。

源文件名称：LoginServlet.java

```java
public class LoginServlet extends HttpServlet {
    private static final long serialVersionUID = 1L;
    UserDao userDao;
    HttpSession session;
    @Override
    protected void doGet(HttpServletRequest request, HttpServletResponse response)
            throws ServletException, IOException {
        doPost(request, response);
    }
    @Override
    protected void doPost(HttpServletRequest request, HttpServletResponse response)
            throws ServletException, IOException {
        userDao = new UserDao();
        User user = new User();
        user.setUser_name(request.getParameter("user_name"));
        user.setUser_password(request.getParameter("user_password"));
        user = userDao.login(user);
        if (user != null) {
            session = request.getSession();
            if (session.getAttribute("user_name") != null) {
                session.removeAttribute("user_name");
            }
            session.setAttribute("user", user);
            request.getRequestDispatcher("/admin/main.jsp").forward(request, response);
        } else {
            request.setAttribute("msg", "用户名或密码错误!");
            request.getRequestDispatcher("/login.jsp").forward(request, response);
        }
    }
}
```

}

【示例代码 8.6】 用户注销操作。

源文件名称：LogoutServlet.java

```java
public class LogoutServlet extends HttpServlet {
    private static final long serialVersionUID = 1L;
    UserDao userDao;
    HttpSession session;
    @Override
    protected void doGet(HttpServletRequest request, HttpServletResponse response)
            throws ServletException, IOException {
        doPost(request, response);
    }
    @Override
    protected void doPost(HttpServletRequest request, HttpServletResponse response)
            throws ServletException, IOException {
        session = request.getSession();
        session.removeAttribute("user");
        PrintWriter out = null;
        try {
            out = response.getWriter();
        } catch (IOException e) {
            e.printStackTrace();
        }
        out.print("<script language=javascript>");
        out.print("top.location.href='" + request.getContextPath() + "/index.jsp'");
        out.print("</script>");
    }
}
```

普通用户访问网站可以查看信息全文也可以按类别查看信息，当信息数量较多时，可以对信息进行分页显示。以管理员身份登录后，就可以对新闻进行增、删、改、查的操作。上传新闻时使用了编辑器插件，还可以进行图片文件的上传，所以增加了文件上传功能的处理。

【示例代码 8.7】 新闻的增、删、改、查及分页操作。

源文件名称：InfoDao.java

```java
public class InfoDao {
    static Connection conn = null;
    static PreparedStatement pstmt = null;
    static Statement stmt = null;
    static ResultSet rs = null;
    // 添加信息
    public void addInfo(Info info) {
        try {
            conn = ConnectionMySQL.getConn();
            String sql = "insert into info values(null,'" + info.getInfo_author() + "','" + info.getInfo_content() + "','" + info.getInfo_contentAbstract() + "','" + info.getInfo_contentTitle() + "','" + info.getInfo_sort() + "','" + info.getInfo_picPath() + "','" + info.getInfo_
```

```java
            publishStatus() + "','" + info.getInfo_publishTime() + "','" + info.getInfo_title() + "','" +
    info.getCategory_id() + "')";
                pstmt = conn.prepareStatement(sql);
                pstmt.execute();
            } catch (SQLException e) {
                e.printStackTrace();
            }
        }
        // 根据 info_id 删除信息
        public void delInfo(Info info) {
            // 通过获取 id 获取到要删除的 info
            info = findInfoByInfo_id(info.getInfo_id());
                (new File("C://infopub/" + info.getInfo_picPath())).delete();
                try {
                    conn = ConnectionMySQL.getConn();
                    String sql = "delete from info where info_id='" + info.getInfo_id() + "'";
                    stmt = conn.prepareStatement(sql);
                    stmt.executeUpdate(sql);
                } catch (SQLException e) {
                    e.printStackTrace();
                }
        }
        // 根据 info_id 查找信息
        public Info findInfoByInfo_id(Integer info_id) {
            Info info = null;
        try {
                conn = ConnectionMySQL.getConn();
                String sql = "select * from info where info_id='" + info_id + "'";
                pstmt = conn.prepareStatement(sql);
                rs = pstmt.executeQuery();
                if (rs.next()) {
                    info = new Info();
                    info.setInfo_id(rs.getInt("info_id"));
                    info.setInfo_author(rs.getString("info_author"));
                    info.setInfo_title(rs.getString("info_title"));
                    info.setInfo_contentTitle(rs.getString("info_contentTitle"));
                    info.setInfo_contentAbstract(rs.getString("info_contentAbstract"));
                    info.setInfo_content(rs.getString("info_content"));
                    info.setInfo_picPath(rs.getString("info_picPath"));
                    info.setInfo_publishTime(rs.getString("info_publishTime"));
                    info.setInfo_publishStatus(rs.getString("info_publishStatus"));
                    info.setInfo_sort(rs.getInt("info_sort"));
                    info.setCategory_id(rs.getInt("category_id"));
                    return info;
                } else {
                    return null;
                }
            } catch (SQLException e) {
                e.printStackTrace();
                return null;
            }
```

```java
    }
    // 修改信息
    public void updateInfo(Info info) {
        try {
            conn = ConnectionMySQL.getConn();
            String sql = "update info set info_author='" + info.getInfo_author() + "', info_title='"
                    + info.getInfo_title() + "', info_contentTitle='" + info.getInfo_contentTitle() + "', info_contentAbstract='" + info.getInfo_contentAbstract() + "', info_content='" + info.getInfo_content() + "', info_publishStatus='" + info.getInfo_publishStatus() + "', info_sort='" + info.getInfo_sort() + "', category_id='" + info.getCategory_id() + "' where info_id = '" + info.getInfo_id() + "'";
            stmt = conn.createStatement();
            stmt.executeUpdate(sql);
        } catch (SQLException e) {
            e.printStackTrace();
        }
    }
    // 查找"非遗资讯"栏目信息,并封装到 List 集合中,以便首页显示
    public List<Info> findFyzxInfos() {
        try {
            conn = ConnectionMySQL.getConn();
            String sql = "select * from info where category_id = '101' order by info_publishTime desc ";
            pstmt = conn.prepareStatement(sql);
            rs = pstmt.executeQuery();
            List<Info> infoList = new ArrayList<Info>();
            Info info = null;
            while (rs.next()) {
                info = new Info();
                info.setInfo_id(rs.getInt("info_id"));
                info.setInfo_author(rs.getString("info_author"));
                info.setInfo_title(rs.getString("info_title"));
                info.setInfo_contentTitle(rs.getString("info_contentTitle"));
                info.setInfo_contentAbstract(rs.getString("info_contentAbstract"));
                info.setInfo_content(rs.getString("info_content"));
                info.setInfo_picPath(rs.getString("info_picPath"));
                info.setInfo_publishTime(rs.getString("info_publishTime"));
                info.setInfo_publishStatus(rs.getString("info_publishStatus"));
                info.setInfo_sort(rs.getInt("info_sort"));
                info.setCategory_id(rs.getInt("category_id"));
                infoList.add(info);
            }
            return infoList;
        } catch (SQLException e) {
            e.printStackTrace();
            return null;
        }
    }
    // 查找"学术交流"栏目信息,并封装到 List 集合中,以便首页显示
    public List<Info> findXsjlInfos() {
        try {
```

```java
            conn = ConnectionMySQL.getConn();
            String sql = "select * from info where category_id = '102' order by info_publishTime desc ";
            pstmt = conn.prepareStatement(sql);
            rs = pstmt.executeQuery();
            List<Info> infoList = new ArrayList<Info>();
            Info info = null;
            while (rs.next()) {
                info = new Info();
                info.setInfo_id(rs.getInt("info_id"));
                info.setInfo_author(rs.getString("info_author"));
                info.setInfo_title(rs.getString("info_title"));
                info.setInfo_contentTitle(rs.getString("info_contentTitle"));
                info.setInfo_contentAbstract(rs.getString("info_contentAbstract"));
                info.setInfo_content(rs.getString("info_content"));
                info.setInfo_picPath(rs.getString("info_picPath"));
                info.setInfo_publishTime(rs.getString("info_publishTime"));
                info.setInfo_publishStatus(rs.getString("info_publishStatus"));
                info.setInfo_sort(rs.getInt("info_sort"));
                info.setCategory_id(rs.getInt("category_id"));
                infoList.add(info);
            }
            return infoList;
        } catch (SQLException e) {
            e.printStackTrace();
            return null;
        }
    }
    // 查找"非遗聚焦"栏目信息,并封装到 List 集合中,以便首页显示
    public List<Info> findFyjjInfos() {
        try {
            conn = ConnectionMySQL.getConn();
            String sql = "select * from info where category_id = '103' order by info_publishTime desc ";
            pstmt = conn.prepareStatement(sql);
            rs = pstmt.executeQuery();
            List<Info> infoList = new ArrayList<Info>();
            Info info = null;
            while (rs.next()) {
                info = new Info();
                info.setInfo_id(rs.getInt("info_id"));
                info.setInfo_author(rs.getString("info_author"));
                info.setInfo_title(rs.getString("info_title"));
                info.setInfo_contentTitle(rs.getString("info_contentTitle"));
                info.setInfo_contentAbstract(rs.getString("info_contentAbstract"));
                info.setInfo_content(rs.getString("info_content"));
                info.setInfo_picPath(rs.getString("info_picPath"));
                info.setInfo_publishTime(rs.getString("info_publishTime"));
                info.setInfo_publishStatus(rs.getString("info_publishStatus"));
                info.setInfo_sort(rs.getInt("info_sort"));
```

```java
                    info.setCategory_id(rs.getInt("category_id"));
                    infoList.add(info);
                }
                return infoList;
            } catch (SQLException e) {
                e.printStackTrace();
                return null;
            }
        }
// 查找"非遗讲坛"栏目信息,并封装到 List 集合中,以便首页显示
        public List<Info> findFyjtInfos() {
            try {
                conn = ConnectionMySQL.getConn();
                String sql = "select * from info where category_id = '104' order by info_publishTime desc ";
                pstmt = conn.prepareStatement(sql);
                rs = pstmt.executeQuery();
                List<Info> infoList = new ArrayList<Info>();
                Info info = null;
                while (rs.next()) {
                    info = new Info();
                    info.setInfo_id(rs.getInt("info_id"));
                    info.setInfo_author(rs.getString("info_author"));
                    info.setInfo_title(rs.getString("info_title"));
                    info.setInfo_contentTitle(rs.getString("info_contentTitle"));
                    info.setInfo_contentAbstract(rs.getString("info_contentAbstract"));
                    info.setInfo_content(rs.getString("info_content"));
                    info.setInfo_picPath(rs.getString("info_picPath"));
                    info.setInfo_publishTime(rs.getString("info_publishTime"));
                    info.setInfo_publishStatus(rs.getString("info_publishStatus"));
                    info.setInfo_sort(rs.getInt("info_sort"));
                    info.setCategory_id(rs.getInt("category_id"));
                    infoList.add(info);
                }
                return infoList;
            } catch (SQLException e) {
                e.printStackTrace();
                return null;
            }
        }
// 查找"合作平台"栏目信息,并封装到 List 集合中,以便首页显示
        public List<Info> findHzptInfos() {
            try {
                conn = ConnectionMySQL.getConn();
                String sql = "select * from info where category_id = '105' order by info_publishTime desc ";
                pstmt = conn.prepareStatement(sql);
                rs = pstmt.executeQuery();
                List<Info> infoList = new ArrayList<Info>();
                Info info = null;
```

```java
                while (rs.next()) {
                    info = new Info();
                    info.setInfo_id(rs.getInt("info_id"));
                    info.setInfo_author(rs.getString("info_author"));
                    info.setInfo_title(rs.getString("info_title"));
                    info.setInfo_contentTitle(rs.getString("info_contentTitle"));
                    info.setInfo_contentAbstract
(rs.getString("info_contentAbstract"));
                    info.setInfo_content(rs.getString("info_content"));
                    info.setInfo_picPath(rs.getString("info_picPath"));
                    info.setInfo_publishTime(rs.getString("info_publishTime"));
                    info.setInfo_publishStatus(rs.getString("info_publishStatus"));
                    info.setInfo_sort(rs.getInt("info_sort"));
                    info.setCategory_id(rs.getInt("category_id"));
                    infoList.add(info);
                }
                return infoList;
            } catch (SQLException e) {
                e.printStackTrace();
                return null;
            }
        }
// 查找"非遗传人"栏目信息,并封装到 List 集合中,以便首页显示
        public List<Info> findFycrInfos() {
            try {
                conn = ConnectionMySQL.getConn();
                String sql = "select * from info where category_id = '106' order by info_publishTime desc ";
                pstmt = conn.prepareStatement(sql);
                rs = pstmt.executeQuery();
                List<Info> infoList = new ArrayList<Info>();
                Info info = null;
                while (rs.next()) {
                    info = new Info();
                    info.setInfo_id(rs.getInt("info_id"));
                    info.setInfo_author(rs.getString("info_author"));
                    info.setInfo_title(rs.getString("info_title"));
                    info.setInfo_contentTitle(rs.getString("info_contentTitle"));
        info.setInfo_contentAbstract
(rs.getString("info_contentAbstract"));
                    info.setInfo_content(rs.getString("info_content"));
                    info.setInfo_picPath(rs.getString("info_picPath"));
                    info.setInfo_publishTime(rs.getString("info_publishTime"));
                    info.setInfo_publishStatus(rs.getString("info_publishStatus"));
                    info.setInfo_sort(rs.getInt("info_sort"));
                    info.setCategory_id(rs.getInt("category_id"));
                    infoList.add(info);
                }
                return infoList;
            } catch (SQLException e) {
                e.printStackTrace();
```

```java
            return null;
        }
    }
// 返回指定类别信息条数
    public int getInfoCount(Integer category_id) {
        try {
            conn = ConnectionMySQL.getConn();
            String sql = "select count(*) count from info where category_id = '" + category_id + "'";
            pstmt = conn.prepareStatement(sql);
            rs = pstmt.executeQuery();
            rs.next();
            return rs.getInt("count");
        } catch (SQLException e) {
            e.printStackTrace();
            return 0;
        }
    }
// 返回指定类别指定页数的信息,并封装到 PageBean
    public PageBean<Info> findInfosByCategory_id(int currentPage, int pageSize, int category_id) {
        int count = getInfoCount(category_id);
        int totalPage = (int) Math.ceil(count * 1.0 / pageSize);        // 求总页数
        List<Info> list = findByCategory_id(currentPage, pageSize, category_id);
        CategoryDao categoryDao = new CategoryDao();
for (Info thisInfo : list) {
thisInfo.setCategory(categoryDao.findCategoryByCategory_id(thisInfo.getCategory_id()));
        }
        PageBean<Info> pb = new PageBean<>();
        pb.setCount(count);
        if (currentPage == 0)
            currentPage = 1;
        pb.setCurrentPage(currentPage);
        pb.setList(list);
        pb.setPageSize(pageSize);
        pb.setTotalPage(totalPage);
        return pb;
    }
//根据关键词查找信息,返回符合条件的信息条数
    public int getRightInfoCount(String key) {
        try {
            conn = ConnectionMySQL.getConn();
            String sql = "select count(*) count from info where info_content like '%" + key + "%'";
            pstmt = conn.prepareStatement(sql);
            rs = pstmt.executeQuery();
            rs.next();
            return rs.getInt("count");
        } catch (SQLException e) {
            e.printStackTrace();
            return 0;
        }
```

```java
    }
    //基于页数和页面显示条数的设置,返回根据关键词查找到的信息
    public List<Info> searchByKey(int currentPage, int pageSize, String key) {
        try {
            conn = ConnectionMySQL.getConn();
            String sql = "select * from info where info_content like '%" + key
                    + "%' order by info_publishTime desc limit " + Integer.toString(pageSize) + "
 offset " + Integer.toString((currentPage - 1) * 10);
            pstmt = conn.prepareStatement(sql);
            rs = pstmt.executeQuery();
            List<Info> infoList = new ArrayList<Info>();
            Info info = null;
            while (rs.next()) {
                info = new Info();
                info.setInfo_id(rs.getInt("info_id"));
                info.setInfo_author(rs.getString("info_author"));
                info.setInfo_title(rs.getString("info_title"));
                info.setInfo_contentTitle(rs.getString("info_contentTitle"));
                info.setInfo_contentAbstract(rs.getString("info_contentAbstract"));
                info.setInfo_content(rs.getString("info_content"));
                info.setInfo_picPath(rs.getString("info_picPath"));
                info.setInfo_publishTime(rs.getString("info_publishTime"));
                info.setInfo_publishStatus(rs.getString("info_publishStatus"));
                info.setInfo_sort(rs.getInt("info_sort"));
                info.setCategory_id(rs.getInt("category_id"));
                infoList.add(info);
            }
            return infoList;
        } catch (SQLException e) {
            e.printStackTrace();
            return null;
        }
    }
    //基于分页显示封装根据关键词查找到的信息
    public PageBean<Info> searchInfo(int currentPage, int pageSize, String key) {
        int count = getRightInfoCount(key);
        int totalPage = (int) Math.ceil(count * 1.0 / pageSize);    // 求总页数
        List<Info> list = searchByKey(currentPage, pageSize, key);
        PageBean<Info> pb = new PageBean<>();
        pb.setCount(count);
        if (currentPage == 0)
            currentPage = 1;
        pb.setCurrentPage(currentPage);
        pb.setList(list);
        pb.setPageSize(pageSize);
        pb.setTotalPage(totalPage);
        return pb;
    }
    // 返回指定类别指定页数的信息,并封装到 List 集合中
    public List<Info> findByCategory_id(int currentPage, int pageSize, Integer category_id) {
        try {
```

```java
            conn = ConnectionMySQL.getConn();
            String sql = "select * from info where category_id = '" + category_id + "' order by info_publishTime desc limit " + Integer.toString(pageSize) + " offset " + Integer.toString((currentPage - 1) * 10);
            pstmt = conn.prepareStatement(sql);
            rs = pstmt.executeQuery();
            List<Info> infoList = new ArrayList<Info>();
            Info info = null;
            while (rs.next()) {
                info = new Info();
                info.setInfo_id(rs.getInt("info_id"));
                info.setInfo_author(rs.getString("info_author"));
                info.setInfo_title(rs.getString("info_title"));
                info.setInfo_contentTitle(rs.getString("info_contentTitle"));
                info.setInfo_contentAbstract(rs.getString("info_contentAbstract"));
                info.setInfo_content(rs.getString("info_content"));
                info.setInfo_picPath(rs.getString("info_picPath"));
                info.setInfo_publishTime(rs.getString("info_publishTime"));
                info.setInfo_publishStatus(rs.getString("info_publishStatus"));
                info.setInfo_sort(rs.getInt("info_sort"));
                info.setCategory_id(rs.getInt("category_id"));
                infoList.add(info);
            }
            return infoList;
        } catch (SQLException e) {
            e.printStackTrace();
            return null;
        }
    }
//根据关键词查找信息,返回符合条件的信息条数
    public int getInfoCount(String keywords) {
        try {
            conn = ConnectionMySQL.getConn();
            String sql = "select count(*) count from info where info_title like '%" + keywords + "%'";
            pstmt = conn.prepareStatement(sql);
            rs = pstmt.executeQuery();
            rs.next();
            return rs.getInt("count");
        } catch (SQLException e) {
            e.printStackTrace();
            return 0;
        }
    }
//基于页数和页面显示条数的设置,返回根据关键词查找到的信息,并封装到 PageBean 中
    public PageBean<Info> findInfosByPage(int currentPage, int pageSize, String keywords) {
        int count = getInfoCount(keywords);
        int totalPage = (int) Math.ceil(count * 1.0 / pageSize);
        List<Info> infoList = null;
        try {
            conn = ConnectionMySQL.getConn();
```

```java
                String sql = "select * from info where info_title like '%" + keywords + "%' order by info_publishTime desc limit " + Integer.toString(pageSize) + " offset " + Integer.toString((currentPage - 1) * 10);
                pstmt = conn.prepareStatement(sql);
                rs = pstmt.executeQuery();
                infoList = new ArrayList<Info>();
                Info info = null;
                while (rs.next()) {
                    info = new Info();
                    info.setInfo_id(rs.getInt("info_id"));
                    info.setInfo_author(rs.getString("info_author"));
                    info.setInfo_title(rs.getString("info_title"));
                    info.setInfo_contentTitle(rs.getString("info_contentTitle"));
                    info.setInfo_contentAbstract(rs.getString("info_contentAbstract"));
                    info.setInfo_content(rs.getString("info_content"));
                    info.setInfo_picPath(rs.getString("info_picPath"));
                    info.setInfo_publishTime(rs.getString("info_publishTime"));
                    info.setInfo_publishStatus(rs.getString("info_publishStatus"));
                    info.setInfo_sort(rs.getInt("info_sort"));
                    info.setCategory_id(rs.getInt("category_id"));
                    infoList.add(info);
                }
            } catch (SQLException e) {
                e.printStackTrace();
            }
            CategoryDao categoryDao = new CategoryDao();
            for (Info thisInfo : infoList) {
                thisInfo.setCategory(categoryDao.findCategoryByCategory_id(thisInfo.getCategory_id()));
            }
            PageBean<Info> pb = new PageBean<Info>();
            pb.setCount(count);
            pb.setCurrentPage(currentPage);
            pb.setList(infoList);
            pb.setPageSize(pageSize);
            pb.setTotalPage(totalPage);
            return pb;
        }
}
```

InfoServlet 从页面接收用户提交的数据,再调用 InfoDao 的方法完成新闻的增、删、改、查的操作并转发到相应的页面。

【示例代码 8.8】 新闻管理 Servlet。

源文件名：InfoServlet.java

```java
@SuppressWarnings("serial")
public class InfoServlet extends HttpServlet {
    @Override
    protected void doGet(HttpServletRequest request, HttpServletResponse response)
            throws ServletException, IOException {
        doPost(request, response);
```

```java
    }
    @Override
    protected void doPost(HttpServletRequest request, HttpServletResponse response)
            throws ServletException, IOException {
        String option = request.getParameter("option");
        switch (option) {
        case "findInfosByPage": {
            findInfosByPage(request, response);
            break;
        }
        case "addInfo": {
            addInfo(request, response);
            break;
        }
        case "delInfo": {
            delInfo(request, response);
            break;
        }
        case "toAddInfoPage": {
            toAddInfoPage(request, response);
            break;
        }
        case "editInfo": {
            editInfo(request, response);
            break;
        }
        case "getImg": {
            getImg(request, response);
            break;
        }
        case "updateInfo": {
            updateInfo(request, response);
            break;
        }
        case "findInfos": {
            findInfos(request, response);
            break;
        }
        case "findInfosByCategory_id": {
            findInfosByCategory_id(request, response);
            break;
        }
        case "findInfoByInfo_id": {
            findInfoByInfo_id(request, response);
            break;
        }
        case "searchInfo": {
            searchInfo(request, response);
            break;
        }
        }
```

```java
        }
        private int pageSize = 10;                        //默认每页显示条数
        //通过新闻的 id 查找新闻
        private void findInfoByInfo_id(HttpServletRequest request, HttpServletResponse response)
throws ServletException, IOException {
            InfoDao infoDao = new InfoDao();
            Info info =
InfoDao.findInfoByInfo_id(Integer.parseInt(request.getParameter("info_id")));
            request.setAttribute("info", info);
            int category_id = info.getCategory_id();
            CategoryDao categoryDao = new CategoryDao();
            Category category = categoryDao.findCategoryByCategory_id(category_id);
            request.setAttribute("category", category);
            request.getRequestDispatcher("/detail.jsp").forward(request, response);
        }
        //通过类别 id 查找新闻
        private void findInfosByCategory_id
(HttpServletRequest request, HttpServletResponse response)
                throws ServletException, IOException {
            InfoDao infoDao = new InfoDao();
            PageBean<Info> pb = infoDao.findInfosByCategory_id(Integer.parseInt(request.getParameter
("currentPage")),
                    pageSize, Integer.parseInt(request.getParameter("category_id")));
            request.setAttribute("pb", pb);
            CategoryDao categoryDao = new CategoryDao();
            Category category = categoryDao
.findCategoryByCategory_id(Integer.parseInt(request.getParameter("category_id")));
            request.setAttribute("category", category);
            request.getRequestDispatcher("/infolist.jsp").forward(request, response);
        }
        //查找新闻
        private void findInfos(HttpServletRequest request, HttpServletResponse response) {
            InfoDao infoDao = new InfoDao();
            List<Info> fyzxInfos = infoDao.findFyzxInfos();
            request.setAttribute("fyzxInfos", fyzxInfos);
            List<Info> xsjlInfos = infoDao.findXsjlInfos();
            request.setAttribute("xsjlInfos", xsjlInfos);
            List<Info> fyjtInfos = infoDao.findFyjtInfos();
            request.setAttribute("fyjtInfos", fyjtInfos);
            List<Info> fyjjInfos = infoDao.findFyjjInfos();
            request.setAttribute("fyjjInfos", fyjjInfos);
            List<Info> hzptInfos = infoDao.findHzptInfos();
            request.setAttribute("hzptInfos", hzptInfos);
            List<Info> fycrInfos = infoDao.findFycrInfos();
            request.setAttribute("fycrInfos", fycrInfos);
        }
        //更新新闻
        private void updateInfo(HttpServletRequest request, HttpServletResponse response)
                throws ServletException, IOException {
            InfoDao infoDao = new InfoDao();
```

```java
            Info info = new Info();
            info.setInfo_id(Integer.parseInt(request.getParameter("info_id")));
            info.setInfo_author(request.getParameter("info_author"));
            info.setInfo_title(request.getParameter("info_title"));
            info.setInfo_contentTitle(request.getParameter("info_contentTitle"));
            info.setInfo_contentAbstract(request.getParameter("info_contentAbstract"));
            info.setInfo_content(request.getParameter("info_content"));
            info.setInfo_publishStatus(request.getParameter("info_publishStatus"));
            info.setInfo_sort(Integer.parseInt(request.getParameter("info_sort")));
            info.setCategory_id(Integer.parseInt(request.getParameter("category_id")));
            infoDao.updateInfo(info);
            PageBean<Info> pb = infoDao.findInfosByPage(1, pageSize, "");
            request.setAttribute("pb", pb);
            request.getRequestDispatcher("/admin/info/list.jsp").forward(request, response);
    }
    //获取新闻图片
    private void getImg(HttpServletRequest request, HttpServletResponse response) throws FileNotFoundException {
            String img = request.getParameter("imgName");
            FileInputStream fileInputStream = null;
            try {
                fileInputStream = new FileInputStream("C:/fy/" + img);
            } catch (FileNotFoundException e) {
                try {
                    fileInputStream = new FileInputStream("C:/fy/NotFound.jpg");
                } catch (FileNotFoundException e1) {
                    e1.printStackTrace();
                }
            }
            try {
                int i;
                i = fileInputStream.available();
                byte[] buff = new byte[i];
                fileInputStream.read(buff);
                fileInputStream.close();
                response.setContentType("image/*");
                OutputStream outputStream = response.getOutputStream();
                outputStream.write(buff);
                outputStream.close();
            } catch (Exception e) {
                e.printStackTrace();
            }
    }
    private void editInfo(HttpServletRequest request, HttpServletResponse response)
            throws ServletException, IOException {
            InfoDao infoDao = new InfoDao();
            CategoryDao categoryDao = new CategoryDao();
            Info info = infoDao.findInfoByInfo_id(Integer.parseInt(request.getParameter("info_id")));
            request.setAttribute("info", info);
            List<Category> categorylist = categoryDao.findAllCategory();
            request.setAttribute("categorylist", categorylist);
```

```java
            request.getRequestDispatcher("/admin/info/edit.jsp")
    .forward(request, response);
        }
        private void toAddInfoPage
(HttpServletRequest request, HttpServletResponse response)
                throws ServletException, IOException {
            CategoryDao categoryDao = new CategoryDao();
            List<Category> list = categoryDao.findAllCategory();
            request.setAttribute("list", list);
            request.getRequestDispatcher("/admin/info/add.jsp").forward(request, response);
        }
        //删除新闻
        private void delInfo(HttpServletRequest request, HttpServletResponse response)
                throws ServletException, IOException {
            InfoDao infoDao = new InfoDao();
            Info info = new Info();
            info.setInfo_id(Integer.parseInt(request.getParameter("info_id")));
            infoDao.delInfo(info);
            PageBean<Info> pb = infoDao.findInfosByPage(1, pageSize, "");
            request.setAttribute("pb", pb);
            request.getRequestDispatcher("/admin/info/list.jsp").forward(request, response);
        }
        //新闻的分页查找
        private void findInfosByPage (HttpServletRequest request, HttpServletResponse response) throws
ServletException, IOException {
            InfoDao infoDao = new InfoDao();
            String keywords = request.getParameter("keywords");
            int currentPage = Integer.parseInt(request.getParameter("currentPage"));
            if (keywords != null) {
                keywords = keywords.trim();
            } else {
                keywords = "";
            }
            PageBean<Info> pb = infoDao.findInfosByPage(currentPage, pageSize, keywords);
            request.setAttribute("pb", pb);
            request.setAttribute("keywords", keywords);
            request.getRequestDispatcher("/admin/info/list.jsp").forward(request, response);
        }
        //添加新闻
        private void addInfo(HttpServletRequest request, HttpServletResponse response)
                throws ServletException, IOException {
            InfoDao infoDao = new InfoDao();
            Info info = new Info();
            String imgName = null;
            /*
                此处不能用 request.getParameter(),是因为如果要上传文件,form 表单的 enctype =
"multipart/form-data",而如果使用了该属性,request.getParameter()获取到的值永远都是 null,所以
要使用以下这种方法。
             */
            // 1.创建一个 DiskFileItemFactory 工厂
            DiskFileItemFactory diskFileItemFactory = new DiskFileItemFactory();
```

```java
// 2.创建一个文件上传解析器
ServletFileUpload servletFileUpload = new ServletFileUpload(diskFileItemFactory);
// 解决上传文件名的中文乱码
servletFileUpload.setHeaderEncoding("UTF-8");
try {
    // 1. 得到 FileItem 的集合 items
    List<FileItem> list_fileItems = servletFileUpload.parseRequest(request);
    // 2. 遍历 items:
    for (FileItem fileItem : list_fileItems) {
        // 若是一般的表单域，则打印信息
        if (fileItem.isFormField()) {
            switch (fileItem.getFieldName()) {
            case "info_title": {
                info.setInfo_title(fileItem.getString("utf-8"));
                break;
            }
            case "info_contentTitle": {
                info.setInfo_contentTitle(fileItem.getString("utf-8"));
                break;
            }
            case "category_id": {
                info.setCategory_id(Integer.parseInt(fileItem.getString("utf-8")));
                break;
            }
            case "info_author": {
                info.setInfo_author(fileItem.getString("utf-8"));
                break;
            }
            case "info_contentAbstract": {
                info.setInfo_contentAbstract(fileItem.getString("utf-8"));
                break;
            }
            case "info_content": {
                info.setInfo_content(fileItem.getString("utf-8"));
                break;
            }
            case "info_sort": {
                info.setInfo_sort(Integer.parseInt(fileItem.getString("utf-8")));
                break;
            }
            case "info_publishStatus": {
                info.setInfo_publishStatus(fileItem.getString("utf-8"));
                break;
            }
            }
        } // if
        // 若是文件域
        else {
            String fileName = fileItem.getName();
            long sizeInBytes = fileItem.getSize();
```

```java
                            if (sizeInBytes != 0) {
                                String[] fileNameArray = fileName.split("\\.");
                                imgName = UUIDUtils.getUUId() + "." + fileNameArray[1];
                                InputStream inputStream = fileItem.getInputStream();
                                byte[] buffer = new byte[1024];
                                int lenth = 0;
                                String filePath = "C:\\fy\\" + imgName;      //文件最终上传的位置
                                info.setInfo_picPath(imgName);
                                OutputStream outputStream = new FileOutputStream(filePath);
                                while ((lenth = inputStream.read(buffer)) != -1) {
                                    outputStream.write(buffer, 0, lenth);
                                }
                                outputStream.close();
                                inputStream.close();
                            } else {
                                System.out.println("img");
                            }
                        }
                    }
                }
                info.setInfo_publishTime(Time.getDateSecond());
                infoDao.addInfo(info);
                PageBean<Info> pb = infoDao.findInfosByPage(1, pageSize, "");
                request.setAttribute("pb", pb);
                request.getRequestDispatcher("/admin/info/list.jsp").forward(request, response);
    }
    //搜索新闻
    private void searchInfo(HttpServletRequest request, HttpServletResponse response)
            throws ServletException, IOException {
        String key = request.getParameter("key");
        key = new String(key.getBytes("ISO-8859-1"), "UTF-8");
        InfoDao infoDao = new InfoDao();
         PageBean<Info> pb = infoDao.searchInfo(Integer.parseInt(request.getParameter
("currentPage")), pageSize, key);
        request.setAttribute("pb", pb);
        request.setAttribute("key", key);
        request.getRequestDispatcher("/searchlist.jsp").forward(request, response);
    }
}
```

以管理员身份登录后,还可以对新闻类别进行管理,包括类别的增、删、改、查的操作。

【示例代码 8.9】 Category 表的数据操作。

源文件名称:CategoryDao.java

```java
public class CategoryDao {
    static Connection coon = null;
    static PreparedStatement pstmt = null;
    static Statement stmt = null;
    static ResultSet rs = null;
    //查找所有新闻类别
    public List<Category> findAllCategory() {
```

```java
        List<Category> categoryList = new ArrayList<Category>();
        Category category = null;
        try {
            coon = ConnectionMySQL.getConn();
            String sql = "select * from category";
            pstmt = coon.prepareStatement(sql);
            rs = pstmt.executeQuery();
            while (rs.next()) {
                category = new Category();
                category.setCategory_id(rs.getInt("category_id"));
                category.setCategory_name(rs.getString("category_name"));
                categoryList.add(category);
            }
            return categoryList;
        } catch (SQLException e) {
            e.printStackTrace();
            return categoryList;
        }
    }
//增加新闻类别
public boolean addCategory(Category category) {
        try {
            coon = ConnectionMySQL.getConn();
            String sql = "insert into category values ('" + category.getCategory_id() + "','"
                    + category.getCategory_name() + "')";
            pstmt = coon.prepareStatement(sql);
            pstmt.execute();
            return true;
        } catch (SQLException e) {
            e.printStackTrace();
            return false;
        }
    }
    //删除新闻类别
    public boolean delCategory(Category category) {
        try {
            coon = ConnectionMySQL.getConn();
            String sql = "delete from category where category_id='" + category.getCategory_id() + "'";
            stmt = coon.prepareStatement(sql);
            stmt.executeUpdate(sql);
            return true;
        } catch (SQLException e) {
            e.printStackTrace();
            return false;
        }
    }
    //通过id查找新闻类别
    public Category findCategoryByCategory_id(Integer category_id) {
        Category category = null;
```

```java
        try {
            coon = ConnectionMySQL.getConn();
            String sql = "select * from category where category_id='" + category_id + "'";
            pstmt = coon.prepareStatement(sql);
            rs = pstmt.executeQuery();
            if (rs.next()) {
                category = new Category();
                category.setCategory_id(rs.getInt("category_id"));
                category.setCategory_name(rs.getString("category_name"));
                return category;
            } else {
                return null;
            }
        } catch (SQLException e) {
            e.printStackTrace();
            return null;
        }
    }
    //更新新闻类别
    public boolean updateCategory(Category category) {
        try {
            coon = ConnectionMySQL.getConn();
            String sql = "update category set category_name='" + category.getCategory_name() +
"' where category_id ='"
                    + category.getCategory_id() + "'";
            stmt = coon.createStatement();
            stmt.executeUpdate(sql);
            return true;
        } catch (SQLException e) {
            e.printStackTrace();
            return false;
        }
    }
    //查找新闻类别
    public List<Category> findNaviCategory() {
        try {
            coon = ConnectionMySQL.getConn();
            String sql = "select * from category order by category_id asc";
            pstmt = coon.prepareStatement(sql);
            rs = pstmt.executeQuery();
            List<Category> CategoryList = new ArrayList<Category>();
            Category category = null;
            while (rs.next()) {
                category = new Category();
                category.setCategory_id(rs.getInt("category_id"));
                category.setCategory_name(rs.getString("category_name"));
                CategoryList.add(category);
            }
            return CategoryList;
        } catch (SQLException e) {
            e.printStackTrace();
```

```
            return null;
        }
    }
}
```

CategoryServlet 根据用户从页面提交的信息,对新闻类别的进行增、删、改、查的管理操作。

【示例代码 8.10】 类别管理 Servlet。

源文件名称:CategoryServlet.java

```java
@SuppressWarnings("serial")
public class CategoryServlet extends HttpServlet {
    @Override
    protected void doGet(HttpServletRequest request, HttpServletResponse response)
            throws ServletException, IOException {
        doPost(request, response);
    }
    @Override
    protected void doPost(HttpServletRequest request, HttpServletResponse response)
            throws ServletException, IOException {

        String option = request.getParameter("option");
        switch (option) {
        case "findAllCategory": {
            findAllCategory(request, response);
            break;
        }
        case "addCategory": {
            addCategory(request, response);
            break;
        }
        case "delCategory": {
            delCategory(request, response);
            break;
        }
        case "editCategory": {
            editCategory(request, response);
            break;
        }
        case "updateCategory": {
            updateCategory(request, response);
            break;
        }
        case "findNaviCategory": {
            findNaviCategory(request, response);
            break;
        }
        }
    }
    private void findNaviCategory(HttpServletRequest request, HttpServletResponse response) {
```

```java
        CategoryDao categoryDao = new CategoryDao();
        List<Category> categoryList = categoryDao.findNaviCategory();
        request.setAttribute("categoryList", categoryList);
    }
    //查找所有新闻类别
    private void findAllCategory(HttpServletRequest request, HttpServletResponse response)
            throws ServletException, IOException {
        CategoryDao categoryDao = new CategoryDao();
        List<Category> list = categoryDao.findAllCategory();
        request.setAttribute("list", list);
        request.getRequestDispatcher("/admin/category/list.jsp")
    .forward(request, response);
    }
    //添加新闻类别
    private void addCategory(HttpServletRequest request, HttpServletResponse response)
        throws ServletException, IOException {
        CategoryDao categoryDao = new CategoryDao();
        Category category = new Category();
        category.setCategory_id(Integer.parseInt(request.getParameter("category_id")));
        category.setCategory_name(request.getParameter("category_name"));
        categoryDao.addCategory(category);
        List<Category> list = categoryDao.findAllCategory();
        request.setAttribute("list", list);
        request.getRequestDispatcher("/admin/category/list.jsp").forward(request, response);
    }
    //删除新闻类别
    private void delCategory(HttpServletRequest request, HttpServletResponse response)
            throws ServletException, IOException {
        CategoryDao categoryDao = new CategoryDao();
        Category category = new Category();
        category.setCategory_id(Integer.parseInt(request.getParameter("category_id")));
        categoryDao.delCategory(category);
        List<Category> list = categoryDao.findAllCategory();
        request.setAttribute("list", list);
        request.getRequestDispatcher("/admin/category/list.jsp").forward(request, response);
    }
    //编辑新闻类别
    private void editCategory(HttpServletRequest request, HttpServletResponse response)
        throws ServletException, IOException {
        CategoryDao categoryDao = new CategoryDao();
        Category category = categoryDao
    .findCategoryByCategory_id(Integer.parseInt(request.getParameter("category_id")));
        request.setAttribute("category", category);
        request.getRequestDispatcher("/admin/category/edit.jsp").forward(request, response);
    }
    //更新新闻类别
    private void updateCategory(HttpServletRequest request, HttpServletResponse response)
            throws ServletException, IOException {
        CategoryDao categoryDao = new CategoryDao();
        Category category = new Category();
        category.setCategory_id(Integer.parseInt(request.getParameter("category_id")));
```

```
        category.setCategory_name(request.getParameter("category_name"));
        categoryDao.updateCategory(category);
        List<Category> list = categoryDao.findAllCategory();
        request.setAttribute("list", list);
        request.getRequestDispatcher("/admin/category/list.jsp").forward(request, response);
    }
}
```

8.3.5 View 层

显示层即网站页面的显示部分,如网站首页(index.jsp)、新闻列表页(infolist.jsp)、新闻内容页(detail.jsp)以及后台登录页面(login.jsp)和管理页面(/admin/index.jsp)等,这里没有一一列出,其中还有一些 css 文件、js 文件、图片等文件都请参考本书提供的项目源代码。

8.4 本章小结

(1) Model 1 模式的实现比较简单,适用于快速开发小规模项目。但从工程化的角度来看,它的局限性非常明显:JSP 页面身兼 View 和 Controller 两种角色,将控制逻辑和表现逻辑混杂在一起,从而导致代码的重用性非常低,增加了应用的扩展性和维护的难度。

(2) Model 2 已经是基于 MVC 架构的设计模式。在 Model 2 架构中,Servlet 作为前端控制器,负责接收客户端发送的请求,在 Servlet 中只包含控制逻辑和简单的前端处理;然后,调用后端 JavaBean 来完成实际的逻辑处理;最后,转发到相应的 JSP 页面处理显示逻辑。

第 9 章

Struts2

本章目标：
- 掌握 Struts2 框架的引入
- 掌握 Struts2 的执行流程和常见配置
- 掌握 Struts2 的数据封装

9.1 Struts2 的概述

9.1.1 什么是 Struts2

Struts2 是一个基于 MVC 设计模式的 Web 应用框架，它本质上相当于一个 Servlet，在 MVC 设计模式中，Struts2 作为控制器（Controller）来建立模型与视图的数据交互。框架是软件的半成品，完成了部分的功能，剩下的功能需要开发人员具体实现。

9.1.2 Struts2 入门

1. 下载 Struts2

可以在官网 http://struts.apache.org/下载 Struts2 的开发包，有多个版本的文件下载，目前较新的版本有 Struts2.5，这个版本提供了两个文件 struts-2.5.17-all.zip 和 struts-2.5.17-min-lib.zip，前者包括了 Struts2 框架的所有文件，后面这个压缩包中是 Struts2 框架所使用的基础 jar 包。

2. 解压

解压 struts-2.5.17-all.zip 后，目录结构如图 9.1 所示，其中 apps 文件夹中是 Struts2 提供一些应用，docs 文件夹中是 Struts2 的开发文档，lib 文件夹中是 Struts2 的开发 jar 包，src 文件夹中是 Struts2 的程序源码。

Struts2 的开发 jar 包各自能完成的功能如图 9.2 所示。

图 9.1　Struts2 框架包

图 9.2　Struts2 开发 jar 包

解压 struts-2.5.17-min-lib.zip 后有 8 个 jar 包，这是 Struts2 框架的基础 jar 包，如图 9.3 所示，简单的项目引入这 8 个 jar 包就可以了。

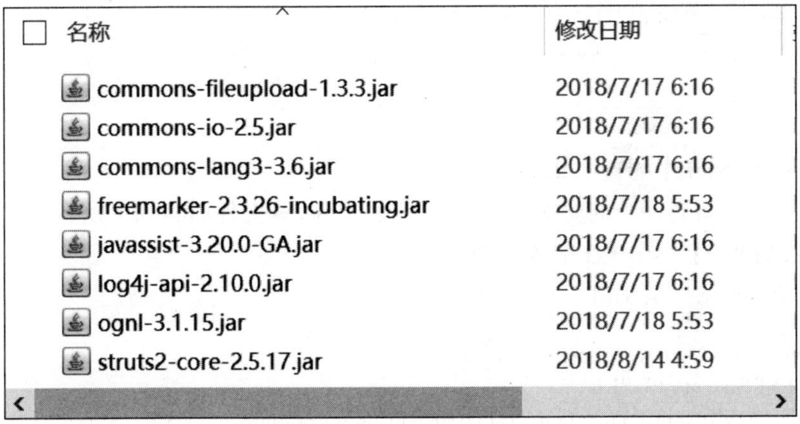

图 9.3　Struts2 开发基础 jar 包

3. 创建 Web 工程引入 jar 包

首先在 Eclipse 中创建一个 Dynamic Web project 项目,命名为 firstStruts2,将解压好的 struts-2.5.17-min-lib.zip 所有文件复制到该项目下的 WebContent/WEB-INF/lib 文件夹中,选中所有被复制的 jar 包,右击选中 Build Path→Add to Build Path 命令,将它们导入到项目库中。

4. 配置 Struts2 的核心过滤器

项目创建成功后,WEB-INF 目录下会自动生成一个 web.xml 文件,打开该文件,将 Struts2 的核心过滤器添加到该文件中,用过滤器自动启动 Struts2 框架,文件中添加的代码片段见示例代码 9.1。

【示例代码 9.1】 项目配置文件。

源文件名称:web.xml

```xml
<!-- 配置Struts2的核心过滤器 -->
<filter>
    <filter-name>struts</filter-name>
    <filter-class>org.apache.struts2.dispatcher.ng.filter.StrutsPrepareAndExecuteFilter</filter-class>
</filter>
<filter-mapping>
    <filter-name>struts</filter-name>
    <url-pattern>/*</url-pattern>
</filter-mapping>
```

5. 编写 Action

在项目的 src 目录下,新建一个名为 org.pxxy.web.action 的包,在包中新建一个名为 HelloStrutsAction 的类,在类中定义一个 execute()方法,该方法的返回值类型为 String,该类的内容如下所示:

【示例代码 9.2】 创建 Action。

源文件名称:HelloStrutsAction.java

```java
public class HelloStrutsAction {
    public String execute(){
        System.out.println("Hello Struts2…");
        return "success";
    }
}
```

6. 在 struts.xml 中配置 Action

在 src 目录下新建一个名称为 struts.xml 的文件,该文件内容如下所示。

【示例代码 9.3】 struts2 配置文件。

源文件名称:struts.xml

```xml
<?xml version="1.0" encoding="UTF-8" ?>
<!DOCTYPE struts PUBLIC
    "-//Apache Software Foundation//DTD Struts Configuration 2.3//EN"
    "http://struts.apache.org/dtds/struts-2.3.dtd">
```

```
<struts>
    <package name="default" extends="struts-default">
        <action name="helloStruts" class="org.pxxy.Web.action.HelloStrutsAction">
            <result name="success">/success.jsp</result>
        </action>
    </package>
</struts>
```

7. 创建入口页面及跳转页面

在该项目的 WebContent 文件夹中创建 JSP 页面如下。

【示例代码 9.4】 struts2 入口页面。

源文件名称：helloStruts.jsp

```
//struts2 入口的访问路径
<a href="${pageContext.request.contextPath}/helloStruts.action">Struts2 的入门的访问路径</a>
```

【示例代码 9.5】 跳转页面。

源文件名称：success.jsp

```
<body>
<h1>Struts2 成功跳转页面</h1>
</body>
```

8. 运行项目

使用服务器启动 helloStruts.jsp 文件,显示如图 9.4 所示页面,单击页面中的链接,页面跳转到成功页面,如图 9.5 所示,并在控制台输出"Hello Struts…"。

图 9.4　显示入口页面

图 9.5　显示跳转成功页面

9.1.3 Struts2 的执行流程

上面所介绍的 Struts2 的入门案例,实际上也是一个发出请求到响应的过程,下面就是这个案例的执行流程,如图 9.6 所示。

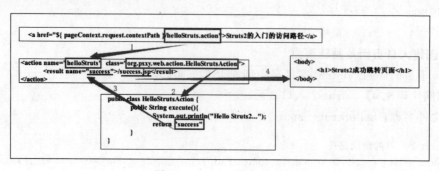

图 9.6 Struts2 执行流程

9.2 Struts2 的常见配置

struts.xml 配置是 struts 的核心配置文件,主要负责管理 Action 和请求的对应关系,以及配置 Result 逻辑视图和物理视图之间的映射,通常放在 src 目录下,在该目录下的 struts.xml 文件可以被自动加载。下面是一个典型的 struts.xml 文件的结构:

```xml
<?xml version="1.0" encoding="UTF-8" ?>
<!DOCTYPE struts PUBLIC
    "-//Apache Software Foundation//DTD Struts Configuration 2.3//EN"
    "http://struts.apache.org/dtds/struts-2.3.dtd">
<struts>
    <constant name="struts.i18n.encoding" value="utf-8"/>
    <constant name="struts.devMode" value="true" />
    <package name="default" extends="struts-default" >
        <action name="helloStrutsAction" class="org.pxxy.HelloSturtsAction" >
            <result name="success">/success.jsp</result>
            <result name="error">/error.jsp</result>
        </action>
    </package>
</struts>
```

9.2.1 常量配置

在 struts.xml 文件中,使用<constant>标签定义常量,其中 name 属性确定常量名称,value 属性确定常量的值,上面文件中两个常量分别指定 Struts2 应用程序的默认编码为 UTF-8 和使用开发模式。

9.2.2 package 的配置

Struts2 框架使用包来管理 Action,每个包中可以包含多个 Action。在 struts.xml 文件中,使用<package>标签来定义包配置,它的常用属性如表 9.1 所示。

表 9.1 package 标签的常用属性

属性名称	说明
name	包的名称,属性为必需的且唯一,用于指定包的名称
extends	可选属性,该属性指定要扩展的包,通常情况下继承 struts-default
namespace	可选属性,namespace 通常和<action>标签中的 name 属性共同决定访问路径
abstract	可选属性,抽象的,用于被其他的包继承

在配置包时,name 属性必须指定,通过该属性来唯一标识包,除此之外,还可以指定一个可选的 extends 属性,这个属性值必须是另一个包的 name 属性值,通常都设置为 struts-default,这样该包中的 Action 就具有了 Struts2 框架默认的拦截器等功能。

9.2.3 Action 配置

Action 是 Struts2 框架中的基本工作单元,在 struts.xml 文件中使用<action>标签对请求的 Action 和 Action 类进行配置。配置 Action 映射就是将一个请求的 URL 映射到一个 Action 类,当一个请求匹配某个 Action 名称时,Struts2 框架就使用这个映射来确定如何处理请求。<action>标签共有 4 个属性,这 4 个属性的说明如表 9.2 所示。

表 9.2 action 标签的常用属性

属性名称	说明
name	必填属性,标识 Action,指定了 Action 所处理的请求的 URL
class	可选属性,指定 Action 对应的实现类
method	可选属性,指定请求 Action 时调用的方法
converter	可选属性,抽象的,指定类型转换器的类

在配置<action>标签时,class 属性值是 Action 对应的实现类的完整名称,即要包含包名;如果指定了 method 属性,则该 Action 调用 method 属性中指定的方法,如果不指定 method 属性,则 Action 会调用 execute( )方法。

9.2.4 Result 配置

在 struts.xml 文件中,Result 的配置使用<result>标签来配置 Result 的逻辑视图与物理视图之间的映射,这个标签可以有 name 和 type 两个属性,都是可选项。

name 属性:指定逻辑视图的名称,默认值为 success。

type 属性:指定返回的视图资源的类型,不同的类型代表不同的结果输出,默认值为 dispatcher。

struts.xml 文件中<result>标签的配置,执行指定 Action 中的 execute( )方法,当返回值为"success"时,请求转发到 success.jsp 页面,当 execute( )方法返回"error"时,请求转发到 error.jsp 页面。这里省略了 type 属性,所以默认为 dispatchcher,Struts2 框架预定义了多种展示结果的技术,常用的 ResultType 如表 9.3 所示。

表 9.3 Struts2 中预定义的 ResultType

属性值	说明
dispatcher	默认值,转发到某个 JSP
redirect	重定向到某个 JSP
redirectAction	重定向到某个 Action
chain	用来处理 Action 链
stream	文件下载时用到

9.3 Struts2 的 Action 实现

在 Struts2 框架中,Action 作为框架的核心类,实现对用户请求的处理,Action 类被称为业务逻辑控制类。

9.3.1 POJO 的实现

POJO 是 Plain Ordinary Java Object(简单的 Java 对象)的缩写。实现 Action 控制类可以不继承特殊的类也不实现任何特殊的接口,仅仅是一个简单的 Java 对象,只要具有一部分属性的 setter/getter 方法,有一个公共的无参的构造方法(使用默认的构造方法就可以)和一个 execute()方法,该方法是 Action 类的默认请求处理方法,其方法的定义格式如下:

```java
public String execute() throws Exception{
    return "success";
}
```

9.3.2 继承 ActionSupport 类

在实际开发过程中,Action 类通常继承 ActionSupport 类,当需要调用多个不同的方法时,可以定义多个方法,在<action>标签中使用 method 属性进行设置,如 login()方法和 logout()方法,示例代码如下:

```java
public class UserAction extends ActionSupport {
    public String login() {
        return SUCCESS;
    }
    public String logout() {
        return INPUT;
    }
}
```

相应地在 struts.xml 文件中要配置的代码片段如下:

```xml
<action name="login" class="org.pxxy.action.UserAction" method="login">
    <result>/login_success.jsp</result>
    <result name="error">/error.jsp</result>
```

```
</action>
<action name="logout"
  class="org.pxxy.action.UserAction" method="logout">
    <result name="input" type="redirect">/logout.jsp</result>
</action>
```

在使用 method 属性时,由于在 Action 类中有多个业务逻辑处理方法,在配置 Action 时,就有多个<action>标签,在实现同样功能的情况下,为了减轻 struts.xml 文件的负担,就可以使用通配符来映射。如上述的 struts.xml 文件中的代码片段使用通配符可以改写成如下代码:

```
<action name="User_*" class="org.pxxy.action.UserAction" method="{1}">
    <result name="success">/{1}_success.jsp</result>
    <result name="input" type="redirect">/{1}.jsp</result>
    <result name="error">/error.jsp</result>
    <allowed-methods>login,logout</allowed-methods>
</action>
```

当用户发送 User_login 这个请求时,调用 login()方法,返回值为 success 时,转发到 login_success.jsp 页面,当用户发送 User_logout 请求时,调用 logout()方法,返回值为 input 时,重定向到 logout 页面。

9.4　Struts2 的数据的封装

在 Struts2 框架中,页面请求数据和 Action 有两种对应的方式,分别为属性驱动和模型驱动。

9.4.1　属性驱动

属性驱动是指通过字段进行数据传递,它有以下两种情况:

1. 与基本数据类型的属性对应

首先创建要传递数据的 JSP 页面 login1.jsp。

【示例代码 9.6】　与基本数据类型的属性对应的登录页面。

源文件名称:login1.jsp

```
<h1>数据封装方式一:与基本数据类型的属性对应</h1>
<form action="${pageContext.request.contextPath}/UserAction.action"
    method="post">
        姓名:<input type="text" name="user_name"/><br/>
        密码:<input type="text" name="user_password"/><br/>
            <input type="submit" value="提交">
</form>
```

那么在创建 Action 类时,在 Action 中提供 user_name 和 user_password 这两个属性的 setter 和 getter 方法。

【示例代码 9.7】　与基本数据类型的属性对应的 Action 类。

源文件名称:UserAction_1.java

```java
public class UserAction_1 extends ActionSupport{
    private String user_name;
    private String user_password;
    public String getUser_name() {
        return user_name;
    }
    public void setUser_name(String user_name) {
        this.user_name = user_name;
    }
    public String getUser_password() {
        return user_ password;
    }
    public void setUser_ password (String user_ password) {
        this.user_ password = user_ password;
    }
    ……//此处省略的 execute()方法
}
```

2. 直接使用域对象字段驱动方式的数据传递

在基本数据类型字段驱动方式中,如果页面中需要传入的数据很多,Action 就会显得很庞大,通常就会把属性和相应的 setter/getter 方法提取出来,单独作为一个域对象,这个对象就是用来封装数据的,在相应的 Action 中可以直接使用这个对象,还可以在多个 Action 中使用。

(1) 创建 User 实体域对象。

【示例代码 9.8】 User 实体域对象。

源文件名称:User.java

```java
public class User {
 private String user_name;
 private String user_password;
 public String getUser_name() {
     return user_name;
 }
 public void setUser_name(String user_name) {
     this.user_name = user_name;
 }
 public String getUser_password() {
     return user_password;
 }
 public void setUser_password(String user_password) {
     this.user_password = user_password;
 }
}
```

(2) 创建 Action 类。

在 Action 类中,要定义一个 User 类型的域模型以及它的 setter 和 getter 方法,代码如下所示:

【示例代码 9.9】 使用域对象字段驱动方式的 Action 类。

源文件名称:UserAction_2.java

```java
public class UserAction_2 extends ActionSupport{
    private User user;
    public User getUser() {
    return user;
    }
    public void setUser(User user) {
        this.user = user;
    }
    public String execute() throws Exception {
        System.out.println(user);
        return NONE;
    }
}
```

（3）传递数据的 JSP 页面代码为如下。

【示例代码 9.10】 使用域对象字段驱动方式登录页面。

源文件名称：login2.jsp

```html
<h1>数据封装方式二：使用域对象字段驱动方式的数据传递</h1>
<form action="${pageContext.request.contextPath}/UserAction.action" method="post">
    姓名：<input type="text" name="user.user_name"/><br/>
    密码：<input type="text" name="user.user_password"/><br/>
    <input type="submit" value="提交">
</form>
```

9.4.2 模型驱动

在 Struts2 框架中，Action 处理请求参数还有另外一种方式，叫作模型驱动，通过实现 ModelDriven 接口来接收请求参数，这时创建的 Action 类必须实现 ModelDriven 接口，并且要重写 getModel() 方法，这个方法返回的是 Action 所使用的数据模型对象。在实际开发中，通常使用模型驱动。

【示例代码 9.11】 使用模型驱动的 JSP 页面。

源文件名称：login3.jsp

```html
<h1>数据封装方式三：模型驱动的方式</h1>
<form action="${pageContext.request.contextPath}/UserAction.action" method="post">
    姓名：<input type="text" name="user_name"/><br/>
    密码：<input type="text" name="user_password"/><br/>
    <input type="submit" value="提交">
</form>
```

模型驱动方式通过 JavaBean 模型进行数据传递。只要是普通的 JavaBean，就可以充当模型部分。如上例中的 User 类，它所封装的属性与表单的属性一一对应。

那么创建的 Action 类要实现 ModelDriven 接口。

【示例代码 9.12】 使用模型驱动的 Action 类。

源文件名称：UserAction_3.java

```
public class UserAction extends ActionSupport implements ModelDriven<User>{
    private User user = new User();                    // 必须手动创建对象.
    public User getModel() {
        return user;
    }
    public String execute() throws Exception {
        System.out.println(user);
        return NONE;
    }
}
```

以上例子均省略了配置文件,请读者自行编写并调试运行。

9.5 本章小结

(1) Struts2 是一个基于 MVC 设计模式的 Web 应用框架,它可以作为控制器(Controller)来建立模型与视图的数据交互。

(2) struts.xml 文件是 Struts2 的核心配置文件,负责配置 Result 逻辑视图和物理视图之间的映射。

(3) Action 作为 Struts2 框架的核心类,实现对用户请求的处理,被称为业务逻辑控制类;请求 Action 有属性驱动和模型驱动两种方式。

第10章

Hibernate

本章目标：
- 掌握 Hibernate 框架的引入
- 掌握使用 Hibernate 进行增删改查操作
- 掌握 Struts2 与 Hibernate 的整合

10.1 Hibernate 概述

10.1.1 什么是 Hibernate

Hibernate 是一个开放源代码的对象关系映射框架，它对 JDBC 进行了非常轻量级的对象封装，它将 POJO 与数据库表建立映射关系，是一个全自动的 ORM（Object Relational Mapping，对象关系映射）框架，Hibernate 可以自动生成 SQL 语句，自动执行，使得 Java 程序员可以随心所欲地使用面向对象方式来操作数据库。最具革命意义的是，Hibernate 可以在 JavaEE 架构中完成数据持久化的重任，是一个持久层的 ORM 框架。

10.1.2 Hibernate 的优点

（1）Hibernate 是 JDBC 的轻量级的对象封装，内存消耗小，运行效率高。

（2）Hibernate 与使用它的 Java 程序和 App Server 没有任何关系，不存在兼容性问题。

（3）Hibernate 具有可扩展性，当 Hibernate 本身提供的 API 不够用时，可以自己编码进行扩展。

10.2 Hibernate 入门

10.2.1 下载 Hibernate

我们可以访问 Hibernate 的官方网站 http://hibernate.org/orm/来下载 Hibernate5，在浏览器中输入网址，页面显示如图 10.1 所示。

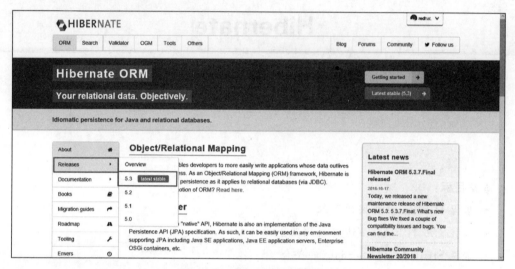

图 10.1　Hibernate 搜索下载

单击此链接，进入下载页面，在此页面中单击 download，如图 10.2 所示。

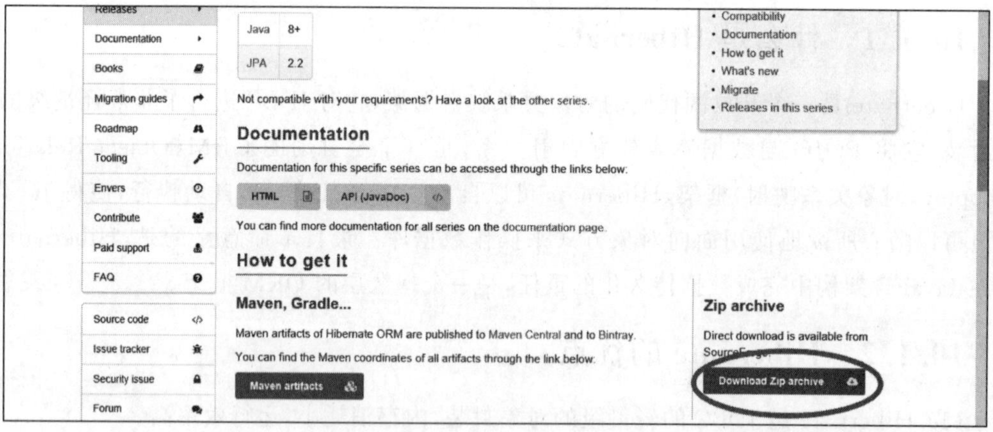

图 10.2　Hibernate 下载步骤

下载 hibernate5.3.7 版本的压缩包后进行解压，解压后目录如图 10.3 所示。
documentation 文件夹中存放 Hibernate 相关文档，project 文件夹中存放 Hibernate 各种相关的源代码，lib 文件夹存放 Hibernate 编译和运行所依赖的 JAR 包，其中 required 子文件夹中包含了运行 Hibernate 项目所必需的基础 jar 包，如图 10.4 所示。

第10章　Hibernate

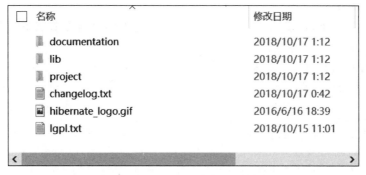

图 10.3　Hibernate 框架目录结构

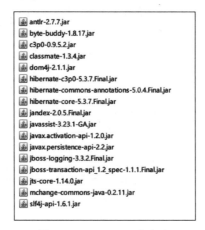

图 10.4　Hibernate 框架包

10.2.2　入门案例

1. 创建项目并导入包

首先在 Eclipse 中创建一个 Dynamic Web project 项目，命名为 firstHibernate，引入 Hibernate 所需要的 jar 包，其中包括：

- Hibernate 的开发包（Hibernate/lib/required 文件夹中的 jar 包）；
- 数据库驱动包（Mysql 数据库驱动包）。

2. 创建数据库及表

在 Mysql 中创建一个名称为 fy 的数据库，创建一张名为 user 的表，在 MySQL 中创建数据库 fy 和 user 表的 SQL 语句如下所示：

```
Create database fy;
Use fy;
CREATE TABLE user (
  user_name varchar(255) NOT NULL,
  user_password varchar(255) default NULL,
  PRIMARY KEY (user_name)
);
```

3. 编写实体类

在项目 src 目录下,创建 org.pxxy.entity 包,在包中创建与之前准备的数据表 user 对应的实体类 User。

【示例代码 10.1】 User 实体类。

源文件名称:User.java

```java
public class User {
    private String user_name;
    private String user_password;
    public String getUser_name() {
        return user_name;
    }
    public void setUser_name(String user_name) {
        this.user_name = user_name;
    }
    public String getUser_password() {
        return user_password;
    }
    public void setUser_password(String user_password) {
        this.user_password = user_password;
    }
    public String toString() {
    return "User [user_name=" + user_name + ", user_password=" + user_password + "]";
    }
}
```

4. 编写映射文件

实体类 User 目前还不具备持久化操作的能力,而 Hibernate 需要知道实体类 User 对应到数据库 fy 中的哪个表,以及类中的哪个属性对应数据表中的哪个字段,这些都需要在映射文件中配置。

在实体类 User 所在的包中,创建一个名为 User.hbm.xml 的映射文件,在该文件中定义实体类的属性如何映射到 user 表中的列。

【示例代码 10.2】 User 类映射文件。

源文件名称:User.hbm.xml

```xml
<?xml version="1.0" encoding="UTF-8"?>
<!DOCTYPE hibernate-mapping PUBLIC
    "-//Hibernate/Hibernate Mapping DTD 3.0//EN"
    "http://www.hibernate.org/dtd/hibernate-mapping-3.0.dtd">
<hibernate-mapping>
    <class name="org.pxxy.entity.User" table="user">
        <id name="user_name" column="user_name">
            <generator class="assigned"/>
        </id>
        <property name="user_password" column="user_password" type="java.lang.String"/>
    </class>
</hibernate-mapping>
```

其中<generator>标签用于指定主键的生成策略,Hibernate 常用主键生成策略如下:
- increment:增长,适用 short,int,long 类型主键。在多进程和集群下不要使用。它用的不是数据库的自动增长,hibernate 底层的增长策略,select max(id) from customer,然后+1 作为下一条记录的 ID。
- identity:自动增长,用的是数据库的自动增长。适用 short,int,long 类型主键,支持自动增长数据库如 MySQL、SQLServer 等。
- sequence:序列,适用 short,int,long 类型主键。支持序列型数据库,如 Oracle。
- native:本地策略,根据数据库的底层采用使用 identity 还是 sequence。
- uuid:随机的字符串,适用于字符串类型的主键。
- assigned:需要用户手动输入 OID。

5. 创建 Hibernate 的核心配置文件

Hibernate 的配置文件主要用来配置数据库连接以及 Hibernate 运行时所需要的各个属性的值。在项目的 src 目录下创建一个名称为 hibernate.cfg.xml 的文件。

【示例代码 10.3】 Hibernate 核心配置文件。

源文件名称:hibernate.cfg.xml

```
<?xml version="1.0" encoding="UTF-8"?>
<!DOCTYPE hibernate-configuration PUBLIC
    "-//Hibernate/Hibernate Configuration DTD 3.0//EN"
    "http://www.hibernate.org/dtd/hibernate-configuration-3.0.dtd">
<hibernate-configuration>
    <session-factory>
        <!--连接数据库 -->
        <property name="hibernate.connection.driver_class">
            com.mysql.jdbc.Driver
        </property>
        <property name="hibernate.connection.url">
            jdbc:mysql:///fy</property>
        <property name="hibernate.connection.username">root</property>
        <property name="hibernate.connection.password">root</property>
        <!-- 数据库的方言: -->
        <property name="hibernate.dialect">
            org.hibernate.dialect.MySQLDialect
        </property>
        <!-- Hibernate 的可选项 -->
        <!-- 可选的: -->
        <!-- 生成表的策略 -->
        <property name="hibernate.hbm2ddl.auto">update</property>
        <property name="hibernate.show_sql">true</property>
        <property name="hibernate.format_sql">true</property>
        <!-- 加载映射 -->
        <mapping resource="org/pxxy/entity/User.hbm.xml"/>
    </session-factory>
</hibernate-configuration>
```

其中 hibernate.hbm2ddl.auto 属性的有如下常用取值:
- none:什么也不做(默认)。

- create-drop：执行代码时创建表，然后删除表（测试时使用）。
- Create：每次执行代码都创建表（测试时使用）。
- Update：如果没表就创建，有表就直接使用。
- Validate：检查表映射关系。

6. 编写测试类

【示例代码 10.4】 Hibernate 测试类。

源文件名称：HibernateDemo1.java

```java
package org.pxxy.test;
public class HibernateDemo1 {
    @Test
    public void demo1(){
        // 1.加载配置文件：
        Configuration cfg = new Configuration().configure();
        // 2.创建一个 SessionFactory：
        SessionFactory sessionFactory = cfg.buildSessionFactory();
        // 3.创建 Session 对象.Session 对象 类似 Connection.
        Session session = sessionFactory.openSession();
        // 4.开启事务：
        Transaction tx = session.beginTransaction();
        // 5.执行相关操作
        User user = new User();
        user.setUser_name("admin");
        user.setUser_password("admin");
        session.save(user);
        // 6.事务提交
        tx.commit();
        // 7.释放资源
        session.close();
        System.out.println(user.toString());
    }
}
```

7. 运行测试程序

在 HibernateDemo1 类中，右击 demo1 方法，在弹出的快捷菜单中选择 Run as→ JUnit Test 命令来运行测试，测试结果如图 10.5 所示。

```
二月 11, 2019 10:25:16 上午 org.hibernate.engine.jdbc.connections.internal.DriverManagerConnectionProviderImpl bu:
INFO: HHH10001003: Autocommit mode: false
二月 11, 2019 10:25:16 上午 org.hibernate.engine.jdbc.connections.internal.DriverManagerConnectionProviderImpl$Po
INFO: HHH000115: Hibernate connection pool size: 20 (min=1)
二月 11, 2019 10:25:16 上午 org.hibernate.dialect.Dialect <init>
INFO: HHH000400: Using dialect: org.hibernate.dialect.MySQLDialect
二月 11, 2019 10:25:17 上午 org.hibernate.resource.transaction.backend.jdbc.internal.DdlTransactionIsolatorNonJta
INFO: HHH10001501: Connection obtained from JdbcConnectionAccess [org.hibernate.engine.jdbc.env.internal.JdbcE
Hibernate:
    insert
    into
        user
        (user_password, user_name)
    values
        (?, ?)
User [user_name=admin, user_password=admin]
```

图 10.5 运行结果

10.2.3 执行流程

Hibernate 的执行流程如图 10.6 所示,首先创建 Configuration 类的实例,并通过它来读取并解析核心配置文件 hibernate.cfg.xml。然后创建 SessionFactory 读取解析映射文件信息,并将 Configuration 对象中的所有配置信息复制到 SessionFactory 内存中。接下来,打开 Session,让 SessionFactory 提供连接,并开启一个事务,之后创建对象,向对象中添加数据,通过 session.save() 方法完成向数据库中保存数据的操作。最后提交事务,并关闭资源。

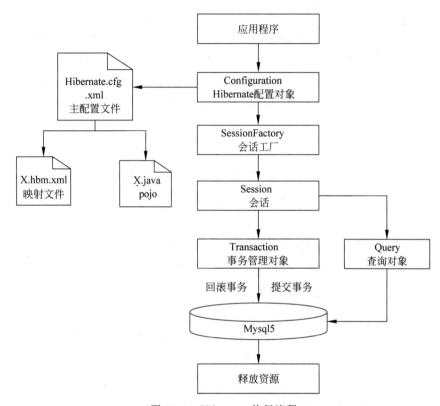

图 10.6 Hibernate 执行流程

在 Hibernate 开发过程中通常会用到 5 个核心接口,分别为 Configuration 接口、SessionFactory 接口、Session 接口、Transaction 接口和 Query 接口。通过这些接口可以对持久化对象进行操作,还可以进行事务控制。

1. Configuration

在使用 Hibernate 时,首先要创建 Configuration 实例,Configuration 实例主要用于启动、加载、管理 Hibernate 的配置文件信息。Configuration 对象只存在于系统的初始化阶段,它将 SessionFactory 创建完成后,就完成了自己的使命。

Hibernate 通常创建 Configuration 实例的代码如下:

Configuration config=new Configuration().configure();

这种方式默认去 src 目录下读取 hibernate.cfg.xml 文件,如果不想使用默认的

hibernate.cfg.xml 文件，则需要向 configure()方法传递一个文件路径参数，其代码写法如下：

Configuration config=new Configuration().configure("xml 文件位置");

2. SessionFactory

SessionFactory 接口负责 Hibernate 的初始化和建立 Session 对象。SessionFactory 实例是通过 Configuration 对象获取的，其获取的代码如下：

SessionFactory sessionFactory=config.buildSessionFactory();

3. Session

Session 对象是应用程序与数据库之间交互操作的一个单线程对象，是 Hibernate 工作的中心，它的主要作用是为持久化对象提供创建、读取和删除等功能，所有持久化对象必须在 Session 的管理下才可以进行持久化操作。获取 Session 实例有两种方法，一种是通过 openSession()方法，另一种是通过 getCurrentSession()方法。两种方法获取 Session 的代码如下所示：

```
//采用 openSession()方法
Session session=sessionFactory.openSession();
//采用 getCurrentSession()方法
Session session=sessionFactory.getCurrentSession();
```

Session 提供了大量的方法，主要常用方法如下：

- save()、update()和 saveOrUpdate()：用于增加和修改对象。
- delete()：用于删除对象。
- get()和 load()：根据主键查询。
- createQuery()：用于数据库操作对象。

4. Transaction

Transaction 接口主要用管理事务。Transaction 接口的事务对象是通过 Session 对象开启的，其开启方式如下：

Transaction transaction=session.beginTransaction();

在 Transaction 接口中，提供了事务管理的常用方法，具体如下：

- commit()：提交相关联的 Session 实例。
- rollback()：撤销事务操作。
- wasCommitted()：检查事务是否提交。

5. Query

Query 代表面向对象的一个 Hibernate 查询操作。在 Hibernate 中，通常使用 session.createQuery()方法接收一个 HQL(Hibernate Query Language)语句，然后调用 Query 的 list()或 uniqueResult()方法执行查询。Query 常用方法具体如下：

- list()：查询全部数据。
- iterator()：查询语句，返回的结果是一个 Iterator 对象，在读取时只能按顺序方式读取。
- uniqueResult()：返回唯一结果，在确保只有一条记录的查询时使用。

- executeUpdate()：支持 HQL 的更新删除操作。
- setFirstResult()：设置获取第一个记录的位置，默认是 0。
- setMaxResult()：设置结果集的最大记录数，通用与 setFirstResult()方法结合使用，用于限制结果集范围，以实现分页功能。
- setter 方法：设置查询语句中的参数，针对不同的数据类型，需要用到不同的 setter 方法。

10.2.4 使用 c3p0 数据库连接池

在操作数据库时，数据库连接的设计上有三种思路：第一种是对于每一个用户都创建一个连接，等到该用户访问完就将数据库连接释放；第二种是设置一个静态连接变量，所有用户都使用该连接；第三种就是使用数据库连接池。

数据库连接池是在系统初始化时，将数据库连接作为对象存储在内存中，当用户需要访问数据库时，并非建立一个新的连接，而是从连接池中取出一个已建立的空闲连接对象。使用完毕后，用户也并非将连接关闭，而是将连接放回连接池中，以供下一个请求访问使用。而连接的建立、断开都由连接池自身来管理。同时，还可以通过设置连接池的参数来控制连接池中的初始连接数、连接的上下限数以及每个连接的最大使用次数、最大空闲时间等，也可以通过其自身的管理机制来监视数据库连接的数量、使用情况等。

c3p0 是一个开源的 JDBC 连接池，它实现了数据源和 JNDI 绑定，支持 JDBC3 规范和 JDBC2 的标准扩展，它有自动回收空闲连接功能。目前使用它的开源项目有 Hibernate、Spring 等。在 Hibernate 中使用 c3p0 数据库连接池技术首先要引入与 c3p0 的相关 jar 包，如图 10.7 所示。

c3p0-0.9.5.2.jar	2017/1/12 星期...	Executable Jar File	487 KB
hibernate-c3p0-5.3.7.Final.jar	2018/10/17 星期...	Executable Jar File	12 KB
mchange-commons-java-0.2.11.jar	2017/1/12 星期...	Executable Jar File	593 KB

图 10.7　Hibernate 有关于 c3p0 的 jar 包

在 hibernate.cfg.xml 中增加数据库连接池的详细配置信息如下：

```
<!-- 配置 c3p0 连接池 -->
< property name="connection.provider_class">
    org.hibernate.connection.C3P0ConnectionProvider
</property>
<!-- 最大连接数 -->
< property name="hibernate.c3p0.max_size"> 20 </property>
<!-- 最小连接数 -->
< property name="hibernate.c3p0.min_size"> 1 </property>
<!-- 获取连接超时时间,若超过这个时间会抛出异常,单位:毫秒 -->
< property name="hibernate.c3p0.timeout"> 5000 </property>
<!-- 创建 PreparedStatement 对象的最大数量 -->
< property name="hibernate.c3p0.max_statements"> 100 </property>
<!-- 每隔指定时间检查连接池中的空闲连接,时间单位:秒 -->
< property name="hibernate.c3p0.idle_test_period"> 150 </property>
<!-- 当连接池使用完毕,c3p0 再和数据库建立 n 个连接放置到连接池中 -->
< property name="hibernate.c3p0.acquire_increment"> 2 </property>
```

```xml
<!-- 每次都验证连接是否可用 -->
<property name="hibernate.c3p0.validate">true</property>
```

这些属性中除了第一个属性,其他都是可选项,需要时就进行配置。

10.3 使用 Hibernate 实现增、删、改、查

这一节中,我们以使用 Hibernate 完成新闻类别的增、删、改、查为案例,来掌握 Hibernate 的具体操作。在本案例中,我们将原来通过 xml 映射文件管理改为通过注解方式进行管理,从而实现 Hibernate 的零配置,常用的注解如表 10.1 所示。

表 10.1 实体类中 Annotation 的含义

Annotation 名称	功 能 描 述
@Entity	将一个类声明为一个实体 bean(即一个持久化 POJO 类)
@Table	声明了该实体 bean 映射指定的表(table)、目录(catalog)和 schema 的名字
@Column	声明了属性到列的映射
@Id	声明了该实体 bean 的标识属性(对应表中的主键)
@GeneratedValue	声明了主键的生成策略

首先创建 Web 工程 fy_hibernate,在 src 文件夹中分别创建实体包、数据操作包、工具类包和 Action 包,然后在各包中创建相应的类。

1. 创建类别实体类

【示例代码 10.5】 类别实体对象。

源文件名称:Category.java

```java
@Entity                                                 //注解为实体类
@Table(name = "category")                               //实体类映射表 category 表
public class Category {
    @Id
    @Column(name = "category_id")                       //对应表主键列名为 category_id
    private int category_id;
    private String category_name;
    public int getCategory_id() {
        return category_id;
    }
    public void setCategory_id(int category_id) {
        this.category_id = category_id;
    }
    public String getCategory_name() {
        return category_name;
    }
    public void setCategory_name(String category_name) {
        this.category_name = category_name;
    }
}
```

2. 修改 Hiberante 配置文件

由于不再使用映射文件,因此需要将 Hiberante 配置文件 hibernate.cfg.xml 中使用的映射文件由原来的 *.cfg.xml 文件转变成实体类,其代码如下:

```
< mapping class="org.pxxy.entity.Category"/>
```

这样,原来大量的 *.cfg.xml 文件就不再需要了,所有的配置都通过 Annotation 注解直接在实体类中进行配置完成。

3. 创建 Hibernate 工具类

为了减少冗余代码,提高代码的复用性,先创建 Hibernate 工具类来创建 Session 实例。

【示例代码 10.6】 Hibernate 工具类。

源文件名称:HibernateUtil.java

```java
public class HibernateUtil {
    public static Session getSession() {
SessionFactory sessionFactory = new Configuration().configure("/hibernate.cfg.xml").buildSessionFactory();
        Session session = sessionFactory.openSession();
        return session;
    }
}
```

4. 创建数据库操作类

在这个数据库操作类中分别定义了增加、删除、修改和查询全部记录及按主键查询一条记录的方法。

【示例代码 10.7】 数据库操作类。

源文件名称:CategoryDao.java

```java
public class CategoryDao {
  public boolean add(Category category) {
    try {
      Session session = HibernateUtil.getSession();
      Transaction transaction = session.beginTransaction();
      session.save(category);
      transaction.commit();
      return true;
    } catch (HibernateException e) {
      return false;
    }
  }
  public List<Category> queryList() {
    Session session = HibernateUtil.getSession();
    Transaction transaction = session.beginTransaction();
    String hql = "from Category";
    Query query = session.createQuery(hql);
    List<Category> list = query.list();
    transaction.commit();
```

```java
            return list;
        }
        public boolean del(Category category) {
            try {
                Session session = HibernateUtil.getSession();
                Transaction transaction = session.beginTransaction();
                session.delete(category);
                transaction.commit();
                return true;
            } catch (HibernateException e) {
                return false;
            }
        }
        public Category queryById(int id) {
            Session session = HibernateUtil.getSession();
            Transaction transaction = session.beginTransaction();
            Category category = session.get(Category.class, id);
            transaction.commit();
            return category;
        }
        public boolean update(Category category) {
            Session session = HibernateUtil.getSession();
            Transaction transaction = session.beginTransaction();
            session.saveOrUpdate(category);
            transaction.commit();
            return true;
        }
    }
```

5. 创建业务控制器类

前面我们已经学习了 Struts2 框架, 学会了开发 Action 作为业务控制器。现在我们在 action 包中创建 CategoryAction, 它继承了 ActionSupport 类, 实现了 ModelDriven 接口。

【示例代码 10.8】 数据库操作类。

源文件名称: CategoryAction.java

```java
public class CategoryAction extends ActionSupport implements ModelDriven<Category> {
    private Category category = new Category();
    private CategoryDao categoryDao;
    private List<Category> categoryList;
    private int flag;
    @Override
    public Category getModel() {
        return category;
    }
    public String add() {
        categoryDao = new CategoryDao();
        boolean flag = categoryDao.add(category);
        if (flag) {
            return "success";
        } else {
```

```java
            return "error";
        }
    }
    public String queryList() {
        categoryDao = new CategoryDao();
        categoryList = categoryDao.queryList();
        return "intoList";
    }
    public String delete() {
        categoryDao = new CategoryDao();
        boolean flag = categoryDao.del(category);
        if (flag) {
            return "success";
        } else {
            return "error";
        }
    }
    public String queryUpdate() {
        categoryDao = new CategoryDao();
        category = categoryDao.queryById(category.getCategory_id());
        ActionContext.getContext().getValueStack().push(category);
        return "intoUpdate";
    }
    public String update() {
        categoryDao = new CategoryDao();
        boolean flag = categoryDao.update(category);
        if (flag) {
            return "success";
        } else {
            return "error";
        }
    }
    public List<Category> getCategoryList() {
        return categoryList;
    }
    public void setCategoryList(List<Category> categoryList) {
        this.categoryList = categoryList;
    }
    public int getFlag() {
        return flag;
    }
    public void setFlag(int flag) {
        this.flag = flag;
    }
}
```

6. 配置 web.xml

修改配置文件 web.xml，使用过滤器启动 Struts2 框架。

【示例代码 10.9】 web.xml 配置。

源文件名称：web.xml

```xml
<?xml version="1.0" encoding="UTF-8"?>
<web-app xmlns=http://xmlns.jcp.org/xml/ns/javaee
  xmlns:xsi="http://www.w3.org/2001/XMLSchema-instance"
  xsi:schemaLocation="http://xmlns.jcp.org/xml/ns/javaee
                      http://xmlns.jcp.org/xml/ns/javaee/Web-app_4_0.xsd"
  version="4.0" metadata-complete="true">
  <filter>
      <filter-name>struts2</filter-name>
      <filter-class>org.apache.struts2.dispatcher.filter.StrutsPrepareAndExecuteFilter</filter-class>
  </filter>
  <filter-mapping>
      <filter-name>struts2</filter-name>
      <url-pattern>/*</url-pattern>
  </filter-mapping>
  <welcome-file-list>
      <welcome-file>categoryList.jsp</welcome-file>
  </welcome-file-list>
</web-app>
```

7. 开发视图层页面

【示例代码 10.10】 类别列表页面。

源文件名称：categoryList.jsp

```jsp
//类别列表页面的显示
<s:iterator value="categoryList" status="category">
    <tr>
        <td><s:property value="category_id"/></td>
        <td><s:property value="category_name"/></td>
        <td>
            <a href="/fy_hibernate/category_queryUpdate?category_id=<s:property value='category_id'/>">修改</a>
            <a href="/fy_hibernate/category_delete?category_id=<s:property value='category_id'/>">删除</a>
        </td>
    </tr>
</s:iterator>
```

【示例代码 10.11】 类别添加页面。

```jsp
//类别添加页面的 form 表单
<form action="category_add" method="post" accept-charset="UTF-8">
    <label>类别名称：</label>
    <input name="category_name" type="text"/><br>
    <input type="submit" value="保存"><br>
</form>
```

【示例代码 10.12】 类别修改页面。

源文件名称：updateCategory.jsp

```jsp
//类别修改页面的 form 表单
```

```
<form action="category_update" method="post" accept-charset="UTF-8">...</form>
```

运行 addCategory.jsp，结果如图 10.8 所示。

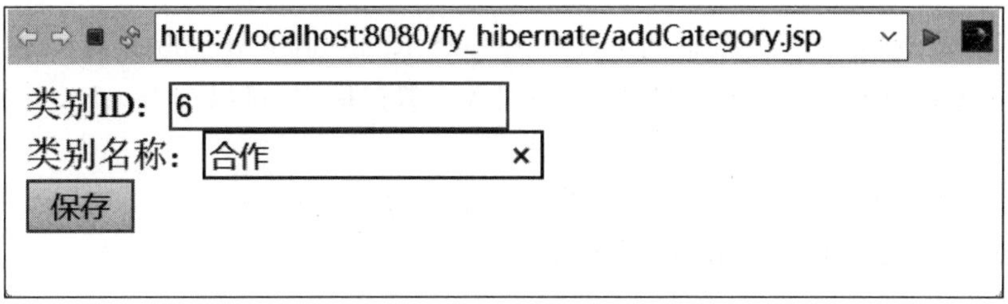

图 10.8　添加运行结果图

在此页面中输入要添加的类别 id 和类别名称，单击【保存】按钮后，跳转到类别列表页，结果如图 10.9 所示。

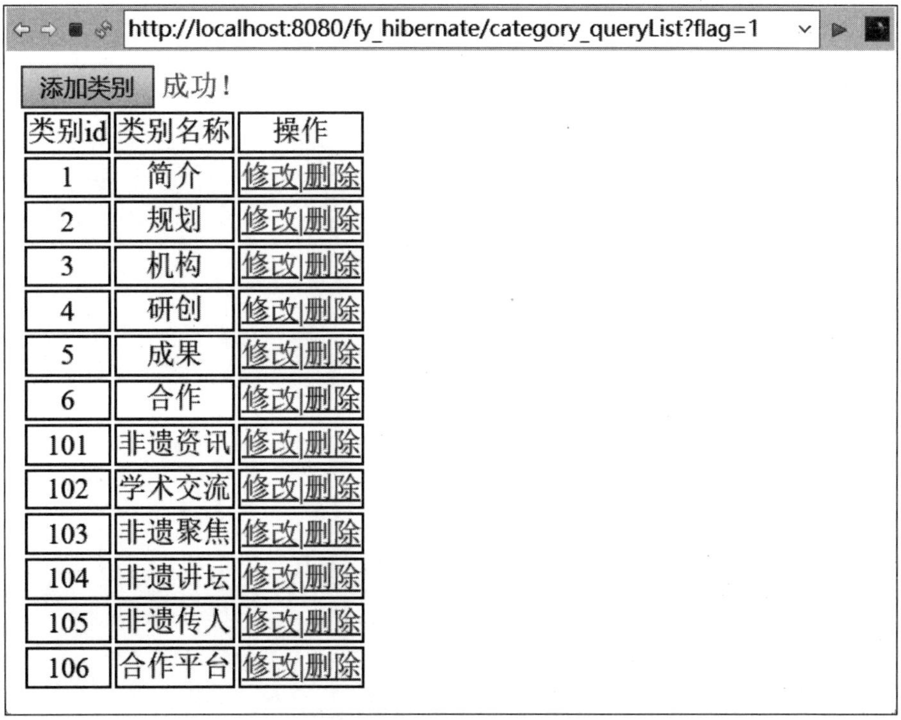

图 10.9　列表运行结果图

单击第 6 条记录后面的【修改】按钮，页面跳转到类别修改页，显示如图 10.10 所示，修改类别名称后，单击【修改】按钮，页面跳转回类别列表页。

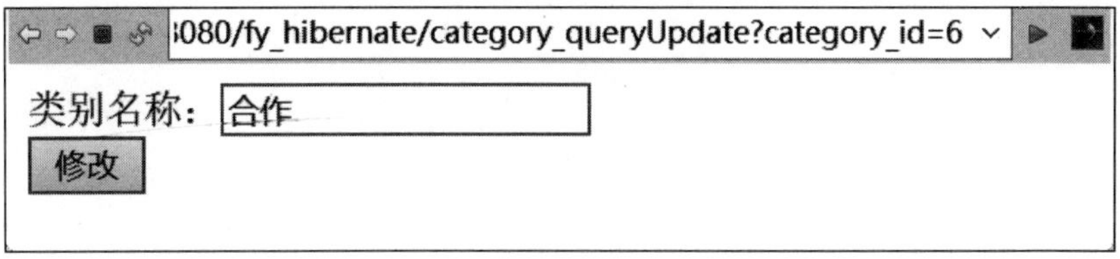

图 10.10　修改运行结果图

10.4 本章小结

（1）Hibernate 是一个全自动的 ORM（Object Relational Mapping，对象关系映射）框架，可以把对象模型表示的 Java 对象映射到关系型数据库中，可以在 JavaEE 架构中完成数据持久化操作。

（2）通过使用 Hibernate 完成新闻类别的增删改查功能，讲解了 Hibernate 的具体操作；并以注解方式实现 Hibernate 的零配置。

Spring

本章目标:
- 掌握 Spring 框架使用
- 掌握 Spring 和 Struts2、Hibernate 的整合
- 掌握 SSH 项目的开发

11.1 Spring 入门

11.1.1 Spring 下载和安装

进入 Spring 官方网站 https://spring.io/进行 Spring 框架包的下载,或者进入网站 https://repo.spring.io/libs-release-local/下载,后者进入之后将显示一个目录结构,按 org-> springframework-> spring 路径进入,找到 Spring 框架的各个版本的压缩包的下载链接,本书以下载 5.1.2 版本为例,进入 5.1.2RELEASE 目录,点击 spring-framework-5.1.1.RELEASE-dist.zip 进行下载。

解压下载所得到的压缩包,目录结构如图 11.1 所示,其中有如下三个文件夹:

(1) docs:该文件夹下存放 Spring 的相关文档,包括开发指南以及 API 参考文档。

(2) libs:该目录下的 JAR 包分为三类:

① Spring 框架 class 文件的 JAR 包;
② Spring 框架源文件的压缩包,文件名以-sources 结尾;
③ Spring 框架 API 文档的压缩包,文件名以-javadoc 结尾。

整个 Spring 框架由 21 个模块组成,该目录下将看到 Spring 为每个模块都提供了三个 JAR 包。

(3) schemas:该目录下包含了 Spring 各种配置文件的 XML Schema 文档。

同时还有 readme.txt、notice.txt、license.txt 等说明性文档。Spring 核心容器必须依

图 11.1　Spring 框架目录结构

赖于 common-logging 的 JAR 包,因此还应进入 http://commons.apache.org/站点下载最新的 commons-logging 工具,下载完成将得到一个 commons-logging-1.2-bin.zip 文件。在开发时需要将 commons-logging-1.2.jar 导入进项目当中。

11.1.2　入门案例

1. 创建项目导入 jar 包

(1) 打开 Eclipse 并新建一个普通 Dynamic Web Project,并命名为 firstSpring,如图 11.2 所示。

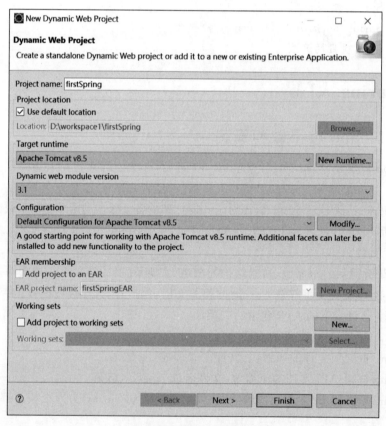

图 11.2　新建 Web 项目

（2）单击 Finish 之后，将 Spring 框架的四个基础包 spring-beans-5.1.2.RELEASE.jar、spring-context-5.1.2.RELEASE.jar、spring-core-5.1.2.RELEASE.jar、spring-expression-5.1.2.RELEASE.jar 和 commons-logging-1.2.jar 复制到 WEB-INF/lib 中，如图 11.3 所示。

（3）右击项目的 Build Path-> Add to Build Path。通过以上两步即完成了 Spring 基本框架的导入。

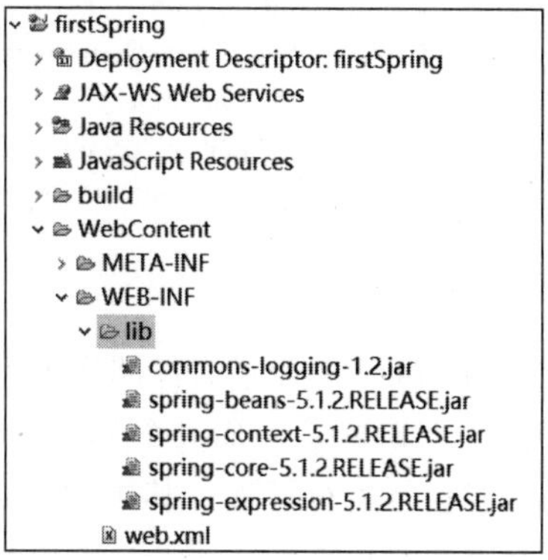

2. 创建项目的两个类

在项目的 src 目录下创建名称为 com.pxxy.service 的包，包中创建两个类：Finger 和 Person，其代码如下：

图 11.3　项目目录结构

【示例代码 11.1】　Finger 类。

源文件名称：Finger.java

```java
public class Finger{
    public String write(){
        return "用你的指尖改变世界";
    }
}
```

【示例代码 11.2】　Person 类。

源文件名称：Person.java

```java
public class Person{
    private Finger finger;
    public Finger getFinger(){
        return finger;
    }
    public void setFinger(Finger finger){
        this.finger = finger;
    }
    public void useFinger(){
        System.out.println("好好学习");
        // 调用 Finger 类中的 write() 方法
        System.out.println(this.finger.write());
    }
}
```

请注意，在 Person 中并没有 Finger finger = new Finger(); 这样的代码，也就是说并没有对 Finger 以 new 的方式创建对象。

在 src 目录下新建一个 beans.xml 文件。除了必要的约束，还在该文件中将上面两个类注册成 bean 交给 Spring 容器进行管理，并添加依赖。

【示例代码 11.3】　beans.xml 文件。

源文件名称：beans.xml

```xml
<?xml version="1.0" encoding="UTF-8"?>
<beans xmlns="http://www.springframework.org/schema/beans"
    xmlns:xsi="http://www.w3.org/2001/XMLSchema-instance"
```

```xml
xsi:schemaLocation="http://www.springframework.org/schema/beans
 http://www.springframework.org/schema/beans/spring-beans.xsd">
    <bean id="finger" class="com.pxxy.service.Finger"></bean>
    <bean id="person" class="com.pxxy.service.Person">
        <property name="finger" ref="finger"></property>
    </bean>
</beans>
```

<beans>为配置文件的根元素,其中根元素包括多个<bean>元素,每一个<bean>元素代表一个 Bean。上面共配置了两个 Bean,将类配置为 Bean 之后就可以将 java 对象交由 Spring 容器进行管理。其中 Person 节点下我们写了<property>元素,<property>用于配置依赖,因为我们的 Person 类依赖于 Finger 类,所以在 Person 的 Bean 中添加对 Finger 的依赖。

3. 创建测试类 SpringTest

【示例代码 11.4】 测试类。

源文件名称:SpringTest.java

```java
public class SpringTest {
@Test
    public void test1() {
        // 以类加载路径搜索配置文件
        ApplicationContext ctx = new
            ClassPathXmlApplicationContext("beans.xml");
        Person person = ctx.getBean("person", Person.class);
        person.useFinger();
    }
}
```

其运行结果如图 11.4 所示。

```
<terminated> SpringTest (2) [Java Application] C:\Program Files\Java\jdk1.8.0_74\bin\javaw.exe (2018年11月2日 下午6:11:20)
好好学习
用你的指尖改变世界
```

图 11.4 运行结果

我们可以看到程序正常执行,所有结果正常输出,但我们在上面三个类中并没有以 new 的方式创建对象。那我们的程序是怎么获得 Java 对象的呢？可以回到前面的 beans.xml 文件中,在此文件下,将 Finger、Person 两个类配置为 bean 交由 Spring 容器进行管理,在<bean>目录下配置了两个属性,第一个是 id 这个表示配置的 Bean 的唯一 id,一般以类名首字母小写命名;第二个 class 这个主要配置类的完成名称包括类所在的包名。随后在程序入口类 SpringTest 中创建了 Spring 容器并加载了 beans.xml 文件。Spring 容器将会通过 beans.xml 文件以反射的方式创建对象放在容器中,接下来调用 ctx.getBean("person", Person.class);方法来获得 Person 对象,其中 Person 对象中的 Finger 类已经由 Spring 创建并注入进 Person 对象中,这就是我们在以后将会经常听到的一个理念——依赖注入(IOC)。

11.2 Spring 核心机制——依赖注入

11.2.1 理解依赖注入

当某个 Java 对象需要调用另一个 Java 对象时,在传统方式下有以下两种:
(1) 通过直接使用 new 的方式创建对象,再调用创建的对象的方法;
(2) 以工厂模式获得对象,比如在写 Hibernate 时从 SessionFactory 中获得 Session。

在使用了 Spring 之后,无须再通过传统方式获得对象,只需要被动地接收 Spring 容器为所需要的对象赋值即可(即 beans.xml 文件中的< property >元素)。简单地说就是无须主动获取对象而变成了被动接受——这就是我们所说的依赖注入(控制反转)。

11.2.2 设值注入

设值注入是指 IOC 容器通过成员变量的 setter 方法来注入所依赖的对象,并且 Spring 建议面向接口编程,所以所有的对象都必须为它定义接口,这样的方式便于后期的升级以及维护。接下来将为大家详细介绍设值注入。

(1) 新建专门用于接口的包以及实现接口的类的包,如图 11.5 所示。
(2) 在接口包中新建接口 Finger 和 Person,如图 11.6 所示。
(3) 在实现类包中创建 Person 接口和 Finger 接口的实现类分别命名为 Programmer、MyFinger,如图 11.7 所示。

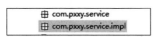

图 11.5 接口包和实现类包

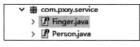

图 11.6 接口

图 11.7 实现类

(4) 分别为 Programmer、MyFinger 添加方法,并且在 Programmer 加上对 Finger 的依赖。

【示例代码 11.5】 Finger 接口的实现类。

源文件名称:MyFinger.java

```
public class MyFinger implements Finger{
        @Override
        public void write(){
        System.out.println("用你的指尖改变世界");
    }
}
```

【示例代码 11.6】 Person 接口的实现类。

源文件名称:Programmer.java

```java
public class Programmer implements Person {
    // 添加对 finger 的依赖
    private Finger finger;
    public Finger getFinger() {
        return finger;
    }
    public void setFinger(Finger finger){
        this.finger = finger;
    }
    @Override
    public void useFinger(){
        System.out.println("好好学习");
        finger.write();
    }
}
```

(5) 编写 beans.xml 文件。

【示例代码 11.7】 使用设值注入的 beans.xml。

源文件名称：beans.xml

```xml
<?xml version="1.0" encoding="UTF-8"?>
<beans xmlns="http://www.springframework.org/schema/beans"
    xmlns:xsi="http://www.w3.org/2001/XMLSchema-instance"
    xsi:schemaLocation="http://www.springframework.org/schema/beans
    http://www.springframework.org/schema/beans/spring-beans.xsd">
        <bean id="person" class="com.pxxy.service.impl.Programmer">
            <property name="finger" ref="finger"></property>
        </bean>
        <bean id="finger" class="com.pxxy.service.impl.MyFinger"></bean>
</beans>
```

(6) 创建测试类。

【示例代码 11.8】 程序测试类。

源文件名称：SpringTest.java

```java
public class SpringTest {
    @Test
    public void test1() {
        // 以类加载路径搜索配置文件
        ApplicationContext ctx = new
            ClassPathXmlApplicationContext("beans.xml");
        Person person = ctx.getBean("person", Person.class);
        person.useFinger();
    }
}
```

(7) 运行程序,程序结果如图 11.8 所示。

```
<terminated> SpringTest [JUnit] C:\Program Files\Java\jre1.8.0_161\bin\javaw.exe (2019年2月24日
好好学习
用你的指尖改变世界
```

图 11.8　运行结果

从以上步骤我们能够看到,在 Programmer 中创建了 Finger 的 setter 和 getter 方法用于 Spring 容器为我们注入依赖,这就是所说的设值注入,并且在 beans.xml 文件中配置时 class 属性中填写的是实现类的路径而不是接口路径,一般将 id 填写为接口的名称,并且通过接口调用 useFinger() 方法时就是在调用实现类 Programmer 中所定义的 useFinger() 方法。

11.2.3 构造注入

在前面为大家介绍了以 setter 的方式为目标 Bean 注入依赖关系的方式,接下来将为大家介绍利用构造器来注入依赖的方式,下面将会通过更改上一节代码进行详细介绍。

(1) 首先将我们的 Programmer 类中的 setter/getter 方法改为构造方法。

【示例代码 11.9】 Programmer 类。

源文件名称:Programmer.java

```java
public class Programmer implements Person {
    // 添加对 finger 的依赖
    private Finger finger;
    public Programmer(Finger finger) {
        super();
        this.finger = finger;
    }
    @Override
    public void useFinger() {
        System.out.println("好好学习");
        finger.write();
    }
}
```

(2) 将 beans.xml 文件中的 <property> 元素换为 <constructor-arg>。

【示例代码 11.10】 使用构造器注入的 beans.xml。

源文件名称:beans.xml

```xml
<?xml version="1.0" encoding="UTF-8"?>
<beans xmlns="http://www.springframework.org/schema/beans"
    xmlns:xsi="http://www.w3.org/2001/XMLSchema-instance"
    xsi:schemaLocation="http://www.springframework.org/schema/beans
    http://www.springframework.org/schema/beans/spring-beans.xsd">
        <bean id="person" class="com.pxxy.service.impl.Programmer">
            <constructor-arg ref="finger"/>
        </bean>
        <bean id="finger" class="com.pxxy.service.impl.MyFinger"></bean>
</beans>
```

通过以上两步就将设值注入替换成构造注入。读者可以清晰地看到构造注入其实就是利用对象的构造方法为其注入依赖。设值注入和构造注入各有优缺点,但在一般开发时使用的都是设值注入。

11.3 Spring 整合 Struts2 和 Hibernate

（1）新建一个 Web 项目并命名为 fy，项目建成之后在 src 目录下新建如下几个包。如图 11.9 所示。

（2）准备好 Spring、Struts2、Hibernate 所需要的所有的 jar 包。

① Struts2 的 jar 包如图 11.10。

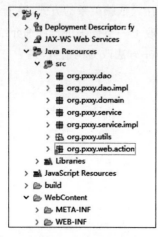

图 11.9　项目目录 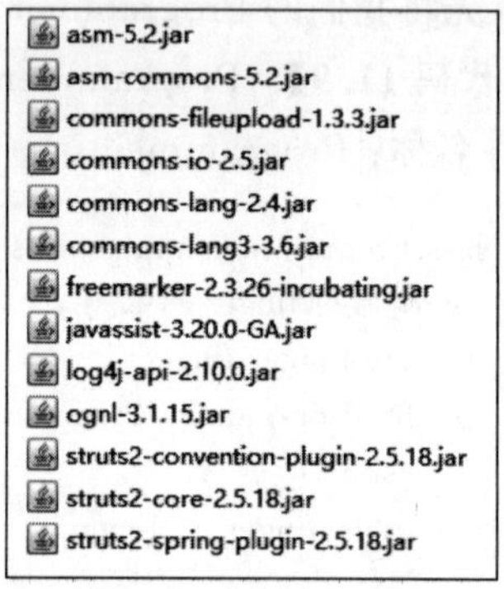　　　　　　　　图 11.10　Struts2 所需 jar 包

② Spring 的 jar 包如图 11.11。

③ Hibernate 的 jar 包如图 11.12。

图 11.11　Spring 所需 jar 包 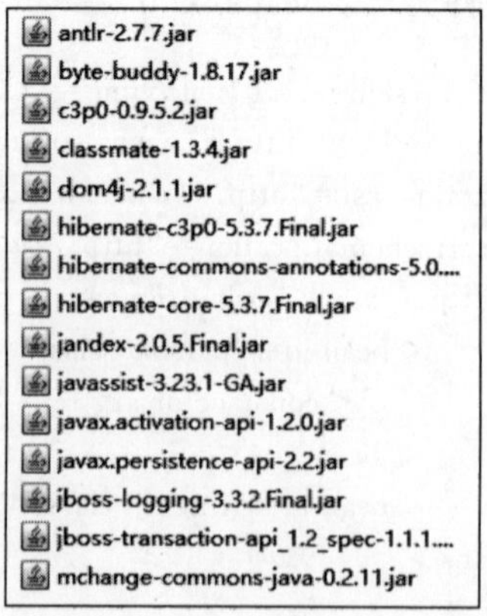　　　　　图 11.12　Hibernate 所需 jar 包

（3）在/WebContent/WEB-INF 文件夹下新建 web.xml 文件,在该项目的 src 目录下新建 applicationContext.xml 文件,如图 11.13 所示。

（4）编写 web.xml。

Web 项目的启动是由相应的 Web 服务器负责的,因此,在 Web 项目中 Spring 框架的 ApplicationContext 容器的实例化工作当然也交由 Web 服务器来完成,通常使用 ContextLoaderListener 实现。所以需要在 web.xml 中要进行监听器的配置。

StrutsPrepareAndExecuteFilter 是 Struts2 框架的核心组件,它实际上是一个 Servlet 过滤器,因此也需要在 web.xml 中进行配置。

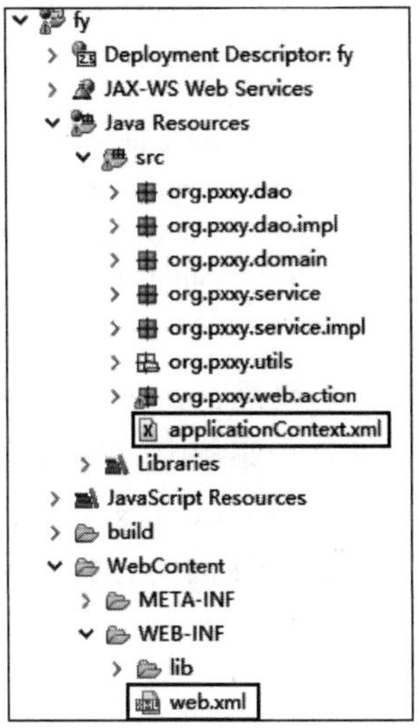

【示例代码 11.11】 Web 项目配置文件。

源文件名称:web.xml

图 11.13 加入 xml 文件

```xml
<?xml version="1.0" encoding="UTF-8"?>
<web-app xmlns:xsi=http://www.w3.org/2001/XMLSchema-instance
xmlns="http://java.sun.com/xml/ns/javaee"
xsi:schemaLocation="http://java.sun.com/xml/ns/javaee
http://java.sun.com/xml/ns/javaee/Web-app_2_5.xsd" id="WebApp_ID" version="2.5">
  <display-name>fy</display-name>
  <welcome-file-list>
    <welcome-file>index.jsp</welcome-file>
  </welcome-file-list>
  <listener>
    <listener-class>org.springframework.Web.context.ContextLoaderListener</listener-class>
  </listener>
  <context-param>
    <param-name>contextConfigLocation</param-name>
    <param-value>
        classpath:applicationContext.xml
    </param-value>
  </context-param>
  <filter>
    <filter-name>OpenSessionInViewFilter</filter-name>
    <filter-class>
        org.springframework.orm.hibernate5.support.OpenSessionInViewFilter
    </filter-class>
  </filter>
  <filter-mapping>
    <filter-name>OpenSessionInViewFilter</filter-name>
    <url-pattern>/*</url-pattern>
  </filter-mapping>
  <filter>
    <filter-name>struts2</filter-name>
    <filter-class>
```

```xml
          org.apache.struts2.dispatcher.filter.StrutsPrepareAndExecuteFilter
    </filter-class>
  </filter>
  <filter-mapping>
    <filter-name>struts2</filter-name>
    <url-pattern>/*</url-pattern>
  </filter-mapping>
</Web-app>
```

(5) 编写 applicationContext.xml。

在这个案例中,我们不使用 hibernate.cfg.xml 文件,把 hibernate 中的属性配置都写入 applicationContext.xml 文件中。

【示例代码 11.12】 Spring 框架配置文件。

源文件名称：applicationContext.xml

```xml
<?xml version="1.0" encoding="UTF-8"?>
<beans xmlns="http://www.springframework.org/schema/beans"
   xmlns:xsi=http://www.w3.org/2001/XMLSchema-instance
   xmlns:aop="http://www.springframework.org/schema/aop"
   xmlns:tx=http://www.springframework.org/schema/tx
   xmlns:context="http://www.springframework.org/schema/context"
       xsi:schemaLocation="http://www.springframework.org/schema/beans
     http://www.springframework.org/schema/beans/spring-beans.xsd
              http://www.springframework.org/schema/tx
              http://www.springframework.org/schema/tx/spring-tx.xsd
              http://www.springframework.org/schema/aop
              http://www.springframework.org/schema/aop/spring-aop.xsd
              http://www.springframework.org/schema/context
http://www.springframework.org/schema/context/spring-context.xsd">
<bean id="dataSource" class="com.mchange.v2.c3p0.ComboPooledDataSource">
    <property name="driverClass" value="com.mysql.jdbc.Driver"/>
    <property name="jdbcUrl"
value="jdbc:mysql:///fy?useUnicode=true&amp;characterEncoding=UTF-8"/>
    <property name="user" value="root"></property>
    <property name="password" value="root"></property>
</bean>
<bean id="sessionFactory"
class="org.springframework.orm.hibernate5.LocalSessionFactoryBean">
    <property name="dataSource" ref="dataSource"></property>
    <property name="hibernateProperties">
        <props>
            <prop key="hibernate.dialect">
                org.hibernate.dialect.MySQLDialect
            </prop>
            <prop key="hibernate.show_sql">false</prop>
            <prop key="hibernate.format_sql">false</prop>
            <prop key="hibernate.hbm2ddl.auto">update</prop>
            <prop key="hibernate.current_session_context_class">
                org.springframework.orm.hibernate5.SpringSessionContext
            </prop>
```

```xml
            </props>
        </property>
        <property name="packagesToScan">
            <array>
                <value>org.pxxy.domain</value>
            </array>
        </property>
    </bean>
    <context:component-scan base-package="org.pxxy" />
    <tx:annotation-driven transaction-manager="transactionManager" />
    <bean id="hibernateTemplate"
class="org.springframework.orm.hibernate5.HibernateTemplate">
        <property name="sessionFactory" ref="sessionFactory"/>
    </bean>
    <bean id="transactionManager"
class="org.springframework.orm.hibernate5.HibernateTransactionManager">
        <property name="sessionFactory" ref="sessionFactory"/>
    </bean>
</beans>
```

（6）编写一个小的测试程序。

Spring 提供了对 Annotation 技术的全面支持，常用的注解如表 11.1 所示。

表 11.1　实体类中 Annotation 的含义

Annotation 名称	功 能 描 述
@Component	是所有受 Spring 管理组件的通用形式，@Component 注解可以放在类的头上，但不推荐使用。
@Repository	对应数据访问层 Bean。
@Service	对应的是业务层 Bean。
@Controller	对应表现层的 Bean，也就是 Action。
@Autowired	bean 的注入时使用。
@Resource	作用与 @Autowired 一样，@Resource 并不是 Spring 的注解，它的包是 javax. annotation.Resource，需要导入，但是 Spring 支持该注解的注入。
@Scope	@Scope 中可以指定如下值： 　　singleton：定义 bean 的范围为每个 spring 容器一个实例（默认值）。 　　prototype：定义 bean 可以被多次实例化（使用一次就创建一次）。

① 创建实体类 category，并利用 Annotation 与数据库中的表做好映射。

【示例代码 11.13】　Category 模型层。

源文件名称：Category.java

```java
//声明实体类
@Entity
// 声明映射的表
@Table(name = "category")
public class Category{
    @Id
    @Column(name = "category_id")
```

```java
    @GeneratedValue(strategy = GenerationType.IDENTITY)         // 自动增长
    private int category_id;                                    //新闻类别 id
    private String category_name;                               //新闻类别名称
}
```

② 创建 Action 层实现类。

【示例代码 11.14】 Action 层实现类。

源文件名称：CategoryAction.java

```java
@ParentPackage("struts-default")
@Namespace("/category")
@Controller("categoryAction")
@Scope("prototype")
public class CategoryAction implements ServletRequestAware, ServletResponseAware {
    @Autowired
    private CategoryService categoryService;
    private Category category;
    private HttpServletRequest request;
    private HttpServletResponse response;
    @Action(value = "/saveCategory")
    public void saveCategory() throws IOException {
        // 由于 get 请求采用 iso-8859-1 进行编码,故此处需以 iso-8859-1 进行解码,重新以 utf-8 进行编码使中文不出现乱码
        category.setCategory_name(new String(
            category.getCategory_name().getBytes("iso-8859-1"), "utf-8"));
        boolean flag = categoryService.saveCategory(category);
        PrintWriter pw = response.getWriter();
        if (flag) {
            pw.write("saveSuccess");
        } else {
            pw.write("saveError");
        }
        pw.flush();
        pw.close();
    }
}
```

我们在 Service 层和 Dao 层分别创建接口,然后再分别创建该接口的实现类。

③ 创建 Service 层实现类。

【示例代码 11.15】 Service 层实现类。

源文件名称：CategoryService.java

```java
@Service("categoryService")
@Transactional
public class CategoryServiceImpl implements CategoryService {
    @Autowired
    private CategoryDao categoryDao;
    //保存新闻类别,以 Boolean 的数据类型返回结果
    public boolean saveCategory(Category category) {
        return categoryDao.saveCatgegory(category);
```

    }
}

④ 创建 Dao 层实现类。

【示例代码 11.16】 Dao 层实现类。

源文件名称：CategoryDaoImpl.java

```
@Repository("categoryDao")
public class CategoryDaoImpl implements CategoryDao {
    @Autowired                                              // 自动注入依赖
    private SessionFactory sessionFactory;
    public Session getSession() {
        return this.sessionFactory.getCurrentSession();
    }
    public SessionFactory getSessionFactory() {
        return sessionFactory;
    }
    public void setSessionFactory(SessionFactory sessionFactory) {
        this.sessionFactory = sessionFactory;
    }
    //保存新闻类别的操作,并以 Boolean 的数据类型返回结果
    @Override
    public boolean saveCatgegory(Category category) {
        Session session = this.getSession();
        try {
            session.save(category);
            return true;
        } catch (HibernateException e) {
            return false;
        }
    }
}
```

⑤ 测试。

在服务器端启动该项目,项目启动成功后,我们在地址栏内输入如图 11.14 所示链接地址,在控制台将输出 saveSuccess。

图 11.14　测试结果

此处输出 saveSuccess 说明已经保存成功,此时我们可以查看数据库中是否真的保存了数据,如果数据保存成功则说明我们的框架整合成功。至此,我们已经能够使用 SSH 进行项目开发了。

11.4 项目整合

基于前面的技术准备,本节开始对非物质文化遗产研究中心平台的项目整合,本项目按类别管理、新闻管理、用户管理三个模块来完成。

11.4.1 类别管理模块

本模块对新闻类别进行管理,实现新闻类别的增、删、改、查。

1. 创建实体类

在项目的 org.pxxy.entity 包中建立类别实体类 Category,此类用于映射数据库中的 category 表。

【示例代码 11.17】 类别实体类。

源文件名称:Category.java

```
@Entity
@Table(name="category")
public class Category {
    @Id
    private Integer category_id;                    //新闻类别 id
    private String category_name;                   //新闻类别名称
    @Override
    public String toString() {
        return "Category [category_id=" + category_id + ", category_name=" + category_name + "]";
    }
}
```

2. DAO 层开发

在项目的 org.pxxy.dao 包中创建 CategoryDao 接口,在此接口中分别声明了删除类别、新增类别、修改类别、获得一个类别、获得所有类别的方法。

【示例代码 11.18】 类别模块 DAO 层接口。

源文件名称:CategoryDao.java

```
public interface CategoryDao {
    List<Category> findAllCategory();
    void addCategory(Category category);
    void delCategory(Category category);
    Category findCategoryByCategory_id(Integer category_id);
    void updateCategory(Category category);
    List<Category> findNaviCategory();
}
```

然后在项目的 org.pxxy.dao.impl 包中创建 CategoryDaoImpl 类实现 CategoryDao 接口,实现了在接口中定义的所有方法。

【示例代码 11.19】 类别模块 DAO 层接口。

源文件名称:CategoryDaoImpl.java

```java
@Repository("categoryDao")
public class CategoryDaoImpl implements CategoryDao {
    @Autowired
    private HibernateTemplate hibernateTemplate;
    //查找所有新闻类别,并以 List<Category>的形式返回
    @Override
    public List<Category> findAllCategory() {
        return (List<Category>) hibernateTemplate.find("from Category");
    }
    //添加新闻类别
    @Override
    public void addCategory(Category category) {
        hibernateTemplate.save(category);
    }
    //删除新闻类别
    @Override
    public void delCategory(Category category) {
        hibernateTemplate.delete(category);
    }
    //通过类别 id 查找并返回新闻类别
    @Override
    public Category findCategoryByCategory_id(Integer category_id) {
        return hibernateTemplate.get(Category.class, category_id);
    }
    //更新新闻类别
    @Override
    public void updateCategory(Category category) {
        hibernateTemplate.update(category);
    }
    //查找新闻类别集合,并以 List 类型返回
    @Override
    public List<Category> findNaviCategory() {
        DetachedCriteria criteria =
        DetachedCriteria.forClass(Category.class);
        return (List<Category>) hibernateTemplate.findByCriteria(criteria, 0, 5);
    }
}
```

3. Service 层开发

在项目的 org.pxxy.service 包中创建接口 CategoryService,在接口中声明了对类别进行增、删、改、查的方法。

【示例代码 11.20】 类别模块 Service 层接口。

源文件名称:CategoryService.java

```java
public interface CategoryService {
    List<Category> findAllCategory();                                //查找所有新闻类别
    void addCategory(Category category);                             //增加新闻类别
    void delCategory(Category category);                             //删除新闻类别
    Category findCategoryByCategory_id(Integer category_id);         //通过 id 查找新闻类别
    void updateCategory(Category category);                          //更新新闻类别
```

```java
        List<Category> findNaviCategory();                    //查找新闻类别集合
}
```

在项目的 org.pxxy.service.impl 包中创建 service 层实现类 CategoryServiceImpl 实现 CategoryService 接口。

【示例代码 11.21】 类别模块 Service 层实现类。

源文件名称：CategoryServiceImpl.java

```java
@Service("categoryService")
@Transactional
public class CategoryServiceImpl implements CategoryService {
    @Autowired
    private CategoryDao categoryDao;
    //查找所有新闻类别
    @Override
    public List<Category> findAllCategory() {
        return categoryDao.findAllCategory();
    }
    //增加新闻类别
    @Override
    public void addCategory(Category category) {
        categoryDao.addCategory(category);
    }
    //删除新闻类别
    @Override
    public void delCategory(Category category) {
        categoryDao.delCategory(category);
    }
    //通过 id 查找新闻类别
    @Override
    public Category findCategoryByCategory_id(Integer category_id) {
        return categoryDao.findCategoryByCategory_id(category_id);
    }
    //更新新闻类别
    @Override
    public void updateCategory(Category category) {
        categoryDao.updateCategory(category);
    }
    //查找新闻类别集合
    @Override
    public List<Category> findNaviCategory() {
        return categoryDao.findNaviCategory();
    }
}
```

4. Action 层开发

在项目的 org.pxxy.web.action 包中创建 CategoryAction，让其继承 ActionSupport 类，并实现 ModelDriven 接口，在该 Action 中，增加了类别的增、删、改、查方法，并实现了页面的跳转。

【示例代码 11.22】 类别模块 Action 层。

源文件名称：CategoryAction.java

```java
@ParentPackage("struts-default")
@Namespace("/")
@Controller("categoryAction")
@Scope("prototype")
public class CategoryAction extends ActionSupport implements ModelDriven<Category>{
    private Category category = new Category();
    @Autowired
    private CategoryService categoryService;
    private List<Category> list = null;
    public List<Category> getList() {
        return list;
    }
    //查找所有新闻类别的action
    @Action(value="/admin/findAllCategory", results={@Result(name="success",
location="/admin/category/list.jsp")})
    public String findAllCategory(){
        try {
            list = categoryService.findAllCategory();
        }catch(Exception e){
            e.printStackTrace();
        }
        return "success";
    }
    //查找所有新闻类别并输出的action
    @Action(value="/admin/findAllCategoryForDrop")
    public String findAllCategoryForDrop(){
        try {
            List<Category> list = categoryService.findAllCategory();
            HttpServletResponse response = ServletActionContext.getResponse();
            response.setContentType("text/html;charset=UTF-8");
            PrintWriter out = response.getWriter();
            String json = JSONArray.fromObject(list).toString();
            System.out.println(json);
            out.write(json);
        } catch (IOException e) {
            e.printStackTrace();
        }
        return null;
    }
    //查找并输出类别的action
    @Action(value="findNaviCategory")
    public String findNaviCategory(){
        try {
            List<Category> list = categoryService.findNaviCategory();
            HttpServletResponse response = ServletActionContext.getResponse();
            response.setContentType("text/html;charset=UTF-8");
            PrintWriter out = response.getWriter();
```

```java
            String json = JSONArray.fromObject(list).toString();
            out.write(json);
        } catch (IOException e) {
            e.printStackTrace();
        }
        return null;
    }
    //添加新闻类别的 action
    @Action(value="/admin/addCategory",results={@Result(name="success",location=
    "/admin/findAllCategory",type = "redirect")})
    public String addCategory() {
        try {
            categoryService.addCategory(category);
        }catch(Exception e){
            e.printStackTrace();
        }
        return "success";
    }
    //删除新闻类别的 action
    @Action(value="/admin/delCategory",results={@Result(name="success",location=
    "/admin/findAllCategory",type = "redirect")})
    public String delCategory(){
        try {
            categoryService.delCategory(category);
        }catch(Exception e){
            e.printStackTrace();
        }
        return "success";
    }
    //编辑新闻类别的 action
    @Action(value="/admin/editCategory",results={@Result(name="success",location=
    "/admin/category/edit.jsp")})
    public String editCategory(){
        try {
            category = categoryService.findCategoryByCategory_id(category.getCategory_id());
            this.setCategory(category);
            HttpServletResponse response = ServletActionContext.getResponse();
            response.setContentType("text/html;charset=UTF-8");
        } catch (Exception e) {
            e.printStackTrace();
        }
        return "success";
    }
    //更新新闻类别的 action
    @Action(value="/admin/updateCategory",results={@Result(name="success",location=
    "/admin/findAllCategory",type = "redirect")})
    public String updateCategory(){
        try {
            categoryService.updateCategory(category);
        }catch(Exception e){
            e.printStackTrace();
```

            }
            return "success";
        }
        @Override
        public Category getModel() {
            return category;
        }
}
```

对类别进行编辑,会通过类别 id 跳转到修改相应类别的页面,对类别进行添加、删除、保存修改操作之后都重定向到获取所有类别,所以这些操作完成后都会重新显示类别列表。

**5．编写页面**

类别页面包括添加类别、显示类别列表和修改类别页面。

**【示例代码 11.23】** 添加类别页面。

源文件名称：/WebContent/admin/category/add.jsp

```
//添加类别的 form 表单
<form action="${path}admin/addCategory" name="ff" method="post"
onsubmit="return checkValue()">…</from?
```

【示例代码 11.24】 类别列表页面。

源文件名称：/WebContent/admin/category/list.jsp

```
//ognl 表达式显示数据
<s:iterator value="list" id="category">
    <tr>
        <td><s:property value="#category.category_id"/></td>
        <td><s:property value="#category.category_name"/></td>
        <td><a
            href='${path}admin/editCategory.action?
            category_id=<s:property
            value="#category.category_id"/>'
            class="tablelink">更新</a><a href='#'
            onclick="del(<s:property
            value="#category.category_id"/>)"
            class="tablelink">删除</a></td>
    </tr>
</s:iterator>
```

【示例代码 11.25】 修改类别页面。

源文件名称：/WebContent/admin/category/edit.jsp

```
//修改类别的 form 表单
<form action="${path}admin/updateCategory" name="ff" method="post" onsubmit="return
checkValue()">…</form>
```

11.4.2 新闻管理模块

本模块对项目新闻资讯进行管理,实现新闻的增、删、改、查及分页显示。
```

1. 创建实体类

在项目的 org.pxxy.entity 包中创建新闻实体类 Info,此类用于映射数据库中的 info 表,并与 category 表建立多对一关系。

【示例代码 11.26】 新闻实体类。

源文件名称:Info.java

```java
@Entity
@Table(name="info")
public class Info {
    @Id
    @GeneratedValue(generator="info_id")
    @GenericGenerator(name="info_id",strategy="native")
    private Integer info_id;
    private String info_title;@ManyToOne
    @JoinColumn(name="category_id",referencedColumnName="category_id")
    private Category category;
    private String info_contentTitle;
    private String info_contentAbstract;
    @Column(name="info_content",columnDefinition="TEXT",nullable=true)
    private String info_content;
    private String info_picPath;
    private String info_author;
    private Date info_publishTime;
    private String info_publishStatus;
    private Integer info_sort;

}
```

创建 PageBean 类,此类用于实现分页,采取泛型构建,以用于不同的实体类型。

【示例代码 11.27】 分页显示 Bean。

源文件名称:PageBean.java

```java
public class PageBean<T> {
    private int currentPage;
    private int pageSize;
    private int count;
    private int totalPage;
    private List<T> list;

}
```

2. DAO 层开发

在项目的 org.pxxy.dao 包中创建 InfoDao 接口,对数据库进行操作,实现查询所有新闻、增加新闻、删除新闻、获得一个新闻、修改新闻、分页查看新闻等功能。

【示例代码 11.28】 新闻模块 DAO 层接口。

源文件名称:InfoDao.java

```java
public interface InfoDao {
    List<Info> findAllInfo();
```

```java
    void addInfo(Info info);
    void delInfo(Info info);
    Info findInfoByInfo_id(Integer info_id);
    void updateInfo(Info info);
    List<Info> findAllInfo(Integer category_id);
    List<Info> findFyjjInfos();
    List<Info> findFyzxInfos();
    List<Info> findXsjlInfos();
    List<Info> findHzptInfos();
    List<Info> findFycrInfos();
    List<Info> findFyjtInfos();
    List<Info> findInfosByPage(Integer category_id);
    List<Info> findAllInfo(String keywords);
    int getInfoCount(Integer category_id);
    List<Info> findByCategory_id(int currentPage, int pageSize, Integer category_id);
    int getInfoCount(String keywords);
    List<Info> findByPage(int currentPage, int pageSize, String keywords);
    Info findXsjlInfo();
}
```

在项目的 org.pxxy.dao.impl 包中创建 InfoDaoImpl 类实现 InfoDao 接口，此类实现接口中定义的所有方法。

【示例代码 11.29】 新闻模块 DAO 层实现类。

源文件名称：InfoDaoImpl.java

```java
@Repository("infoDao")
public class InfoDaoImpl implements InfoDao {
    @Autowired
    private HibernateTemplate hibernateTemplate;
    //从数据库查找所有新闻
    @Override
    public List<Info> findAllInfo() {
        DetachedCriteria criteria = DetachedCriteria.forClass(Info.class);
        criteria.addOrder(Order.desc("info_publishTime"));
        return (List<Info>) hibernateTemplate.findByCriteria(criteria);
    }
    //向数据库添加新闻
    @Override
    public void addInfo(Info info) {
        hibernateTemplate.save(info);
    }
    //删除新闻
    @Override
    public void delInfo(Info info) {
        hibernateTemplate.delete(info);
    }
    //通过 id 查找新闻
    @Override
    public Info findInfoByInfo_id(Integer info_id) {
        return hibernateTemplate.get(Info.class, info_id);
```

```java
        }
        //更新新闻信息
        @Override
        public void updateInfo(Info info) {
            hibernateTemplate.update(info);
        }
        //通过新闻种类id查找新闻
        @Override
        public List<Info> findAllInfo(Integer category_id) {
            DetachedCriteria criteria = DetachedCriteria.forClass(Info.class);
            criteria.add(Restrictions.eq("category.category_id", category_id));
            criteria.addOrder(Order.desc("info_publishTime"));
            criteria.addOrder(Order.asc("info_sort"));
    return (List<Info>) hibernateTemplate.findByCriteria(criteria);
        }
        //通过新闻种类id查找新闻
        @Override
        public List<Info> findFyzxInfos() {
            DetachedCriteria criteria = DetachedCriteria.forClass(Info.class);
            criteria.add(Restrictions.eq("category.category_id", 101));
            criteria.add(Restrictions.eq("info_publishStatus", "1"));
            criteria.addOrder(Order.desc("info_publishTime"));
            criteria.addOrder(Order.asc("info_sort"));
    return (List<Info>) hibernateTemplate.findByCriteria(criteria, 0, 4);
        }
        //通过新闻种类id查找新闻
        @Override
        public List<Info> findXsjlInfos() {
            DetachedCriteria criteria = DetachedCriteria.forClass(Info.class);
            criteria.add(Restrictions.eq("category.category_id", 102));
            criteria.add(Restrictions.eq("info_publishStatus", "1"));
            criteria.addOrder(Order.desc("info_publishTime"));
            criteria.addOrder(Order.asc("info_sort"));
    return (List<Info>) hibernateTemplate.findByCriteria(criteria, 0, 6);
        }
        //通过新闻种类id查找新闻
        @Override
        public Info findXsjlInfo() {
            DetachedCriteria criteria = DetachedCriteria.forClass(Info.class);
            criteria.add(Restrictions.eq("category.category_id", 102));
            criteria.add(Restrictions.eq("info_publishStatus", "1"));
            criteria.add(Restrictions.neOrIsNotNull("info_picPath", ""));
            criteria.addOrder(Order.desc("info_publishTime"));
            criteria.addOrder(Order.asc("info_sort"));
            return (Info) hibernateTemplate.findByCriteria(criteria, 0, 1);
        }
        //通过新闻种类id查找新闻
        @Override
        public List<Info> findFyjjInfos() {
            DetachedCriteria criteria = DetachedCriteria.forClass(Info.class);
            criteria.add(Restrictions.eq("category.category_id", 103));
```

```java
            criteria.add(Restrictions.eq("info_publishStatus", "1"));
            criteria.addOrder(Order.desc("info_publishTime"));
            criteria.addOrder(Order.asc("info_sort"));
    return (List<Info>) hibernateTemplate.findByCriteria(criteria, 0, 8);
        }
        //通过新闻种类id查找新闻
        @Override
        public List<Info> findFyjtInfos() {
            DetachedCriteria criteria = DetachedCriteria.forClass(Info.class);
            criteria.add(Restrictions.eq("category.category_id", 104));
            criteria.add(Restrictions.eq("info_publishStatus", "1"));
            criteria.addOrder(Order.desc("info_publishTime"));
            criteria.addOrder(Order.asc("info_sort"));
    return (List<Info>) hibernateTemplate.findByCriteria(criteria, 0, 1);
        }
        //通过新闻种类id查找新闻
        @Override
        public List<Info> findHzptInfos() {
            DetachedCriteria criteria = DetachedCriteria.forClass(Info.class);
            criteria.add(Restrictions.eq("category.category_id", 105));
            criteria.add(Restrictions.eq("info_publishStatus", "1"));
            criteria.addOrder(Order.desc("info_publishTime"));
            criteria.addOrder(Order.asc("info_sort"));
    return (List<Info>) hibernateTemplate.findByCriteria(criteria, 0, 1);
        }
        //通过新闻种类id查找新闻
        @Override
        public List<Info> findFycrInfos() {
            DetachedCriteria criteria = DetachedCriteria.forClass(Info.class);
            criteria.add(Restrictions.eq("category.category_id", 106));
            criteria.add(Restrictions.eq("info_publishStatus", "1"));
            criteria.addOrder(Order.desc("info_publishTime"));
            criteria.addOrder(Order.asc("info_sort"));
    return (List<Info>) hibernateTemplate.findByCriteria(criteria, 0, 1);
        }
        //通过新闻种类id查找新闻
        @Override
        public List<Info> findInfosByPage(Integer category_id) {
            DetachedCriteria criteria = DetachedCriteria.forClass(Info.class);
            criteria.add(Restrictions.eq("category.category_id", category_id));
            criteria.add(Restrictions.eq("info_publishStatus", "1"));
            criteria.addOrder(Order.desc("info_publishTime"));
            criteria.addOrder(Order.asc("info_sort"));
    return (List<Info>) hibernateTemplate.findByCriteria(criteria, 0, 12);
        }
        //通过新闻关键字查找新闻
        @Override
        public List<Info> findAllInfo(String keywords) {
            DetachedCriteria criteria = DetachedCriteria.forClass(Info.class);
            if (keywords != null && keywords.length() > 0) {
criteria.add(Restrictions.like("info_title", "%" + keywords + "%"));
```

```java
        }
        criteria.addOrder(Order.desc("info_publishTime"));
        return (List<Info>) hibernateTemplate.findByCriteria(criteria);
    }
    //获取新闻数量
    @Override
    public int getInfoCount(Integer category_id) {
        String sql = "select count(*) from Info where 1=1";
        List list1 = new ArrayList<>();
        if (category_id != null && category_id > 0) {
            sql += " and category_id=?";
            list1.add(category_id);
        }
        List<Long> list = (List<Long>) hibernateTemplate.find(sql, list1.toArray());
        return list.get(0).intValue();
    }
    //通过新闻种类id分页查询新闻
    @Override
    public List<Info> findByCategory_id(int currentPage, int pageSize, Integer category_id) {
        DetachedCriteria criteria = DetachedCriteria.forClass(Info.class);
        if (category_id != null && category_id > 0) {
            criteria.add(Restrictions.eq("category.category_id", category_id));
        }
        criteria.addOrder(Order.desc("info_publishTime"));
        return (List<Info>) hibernateTemplate.findByCriteria(criteria, (currentPage - 1) * pageSize, pageSize);
    }
    //通过关键字获取新闻数量
    @Override
    public int getInfoCount(String keywords) {
        String sql = "select count(*) from Info where 1=1";
        List list1 = new ArrayList<>();
        if (keywords != null && keywords.length() > 0) {
            sql += " and info_title like '%" + keywords + "%'";
        }
        List<Long> list = (List<Long>) hibernateTemplate.find(sql, list1.toArray());
        return list.get(0).intValue();
    }
    //通过新闻关键字分页查询新闻
    @Override
    public List<Info> findByPage(int currentPage, int pageSize, String keywords) {
        DetachedCriteria criteria = DetachedCriteria.forClass(Info.class);
        if (keywords != null && keywords.length() > 0) {
            criteria.add(Restrictions.like("info_title", "%" + keywords + "%"));
        }
        criteria.addOrder(Order.desc("info_publishTime"));
        return (List<Info>) hibernateTemplate.findByCriteria(criteria, (currentPage - 1) * pageSize, pageSize);
    }
}
```

3. Service 层开发

在项目的 org.pxxy.service 包中创建 InfoService 接口，在接口中声明对新闻进行增、删、改、查和分页显示的方法。

【示例代码 11.30】 新闻模块 Service 层接口。

源文件名称：InfoService.java

```
public interface InfoService {
    List<Info> findAllInfo();
    List<Info> findAllInfo(String keywords);
    void addInfo(Info info);
    void delInfo(Info info);
    Info findInfoByInfo_id(Integer info_id);
    void updateInfo(Info info);
    List<Info> findAllInfo(Integer category_id);
    List<Info> findFyjjInfos();
    List<Info> findFyzxInfos();
    List<Info> findXsjlInfos();
    List<Info> findHzptInfos();
    List<Info> findFycrInfos();
    List<Info> findFyjtInfos();
    List<Info> findInfosByPage(Integer category_id);
    PageBean<Info> findInfosByCategory_id(int currentPage, int pageSize, int category_id);
    PageBean<Info> findInfosByPage(int currentPage, int pageSize, String keywords);
    Info findXsjlInfo();
}
```

在项目的 org.pxxy.service.impl 包中创建 InfoServiceImpl 类实现 InfoService 接口，并实现了接口声明的对新闻进行管理的方法。

【示例代码 11.31】 新闻模块 Service 层实现类。

源文件名称：InfoServiceImpl.java

```
@Service("infoService")
@Transactional
public class InfoServiceImpl implements InfoService {
    @Autowired
    private InfoDao infoDao;
    //service 层中查询所有新闻
    @Override
    public List<Info> findAllInfo() {
        return infoDao.findAllInfo();
    }
    //service 层中添加新闻
    @Override
    public void addInfo(Info info) {
        infoDao.addInfo(info);
    }
    //service 层中删除新闻
    @Override
    public void delInfo(Info info) {
```

```java
        infoDao.delInfo(info);
    }
    //service层中通过新闻id查询新闻
    @Override
    public Info findInfoByInfo_id(Integer info_id) {
        return infoDao.findInfoByInfo_id(info_id);
    }
    //service层中更新新闻
    @Override
    public void updateInfo(Info info) {
        infoDao.updateInfo(info);
    }
    //service层中通过新闻种类id查询新闻
    @Override
    public List<Info> findAllInfo(Integer cid) {
        return infoDao.findAllInfo(cid);
    }
    //service层中查询新闻
    @Override
    public List<Info> findFyjjInfos() {
        return infoDao.findFyjjInfos();
    }
    //service层中查询新闻
    @Override
    public List<Info> findFyzxInfos() {
        return infoDao.findFyzxInfos();
    }
    //service层中查询新闻
    @Override
    public List<Info> findXsjlInfos() {
        return infoDao.findXsjlInfos();
    }
    //service层中查询新闻
    @Override
    public List<Info> findHzptInfos() {
        return infoDao.findHzptInfos();
    }
    //service层中查询新闻
    @Override
    public List<Info> findFycrInfos() {
        return infoDao.findFycrInfos();
    }
    //service层中查询新闻
    @Override
    public List<Info> findFyjtInfos() {
        return infoDao.findFyjtInfos();
    }
    //service层中查询新闻
    @Override
    public List<Info> findInfosByPage(Integer category_id) {
        return infoDao.findInfosByPage(category_id);
```

```java
    }
    //service层中通过新闻关键字查询新闻
    @Override
    public List<Info> findAllInfo(String keywords) {
        return infoDao.findAllInfo(keywords);
    }
    //service层中通过新闻种类id分页查询新闻
    @Override
    public PageBean<Info> findInfosByCategory_id(int currentPage, int pageSize, int category_id) {
        int count = infoDao.getInfoCount(category_id);
        int totalPage = (int) Math.ceil(count * 1.0/pageSize);
        List<Info> list = infoDao.findByCategory_id(currentPage, pageSize, category_id);
        PageBean<Info> pb = new PageBean<>();
        pb.setCount(count);
        if(currentPage==0)currentPage=1;
        pb.setCurrentPage(currentPage);
        pb.setList(list);
        pb.setPageSize(pageSize);
        pb.setTotalPage(totalPage);
        return pb;
    }
    //service层中通过关键字分页查找新闻
    @Override
    public PageBean<Info> findInfosByPage(int currentPage, int pageSize, String keywords) {
        int count = infoDao.getInfoCount(keywords);
        int totalPage = (int) Math.ceil(count * 1.0/pageSize);
        List<Info> list = infoDao.findByPage(currentPage, pageSize, keywords);
        PageBean<Info> pb = new PageBean<>();
        pb.setCount(count);
        if(currentPage==0)currentPage=1;
        pb.setCurrentPage(currentPage);
        pb.setList(list);
        pb.setPageSize(pageSize);
        pb.setTotalPage(totalPage);
        return pb;
    }
    @Override
    public Info findXsjlInfo() {
        return infoDao.findXsjlInfo();
    }
}
```

4. Action层开发

在项目的org.pxxy.web.action包中创建InfoAction类,可以完成对新闻进行增、删、改、查和分页显示操作,并实现页面跳转。

【示例代码11.32】 新闻模块Action层。

源文件名称:InfoAction.java

```java
@ParentPackage("struts-default")
@Namespace("/")
```

```java
@Controller("infoAction")
@Scope("prototype")
public class InfoAction extends ActionSupport implements ModelDriven<Info> {
    private Info info = new Info();
    private String keywords;
    private List<Category> categorylist;
    @Autowired
    private CategoryService categoryService;
    private List<Info> fyzxInfos = null;
    private List<Info> xsjlInfos = null;
    private List<Info> fyjjInfos = null;
    private List<Info> hzptInfos = null;
    private List<Info> fycrInfos = null;
    private List<Info> fyjtInfos = null;
    private List<Info> findInfosByPage = null;
    @Autowired
    private InfoService infoService;
    private List<Info> list = null;
    private List<Info> vvv;
    //查找所有新闻的action
    @Action(value = "/admin/findAllInfo", results = { @Result(name = "success", location = "/admin/info/list.jsp") })
    public String findAllInfo() {
        try {
            list = infoService.findAllInfo();
        } catch (Exception e) {
            e.printStackTrace();
        }
        return "success";
    }

    //通过新闻关键字查找新闻的action
    @Action(value = "/admin/findAllInfoBy", results = { @Result(name = "success", location = "/admin/info/list.jsp") })
    public String findAllInfoBy() {
        try {
            list = infoService.findAllInfo(this.getKeywords().trim());
        } catch (Exception e) {
            e.printStackTrace();
        }
        return "success";
    }
    //查找所有分类新闻的action
    @Action(value = "findInfos", results = { @Result(name = "findInfos", location = "/index.jsp") })
    public String findInfos() {
        HttpServletRequest request = ServletActionContext.getRequest();
        List<Info> fyzxInfos = infoService.findFyzxInfos();
        List<Info> xsjlInfos = infoService.findXsjlInfos();
        // Info xsjlInfo = infoService.findXsjlInfo();
        List<Info> fyjjInfos = infoService.findFyjjInfos();
        List<Info> hzptInfos = infoService.findHzptInfos();
        List<Info> fycrInfos = infoService.findFycrInfos();
```

```java
        List<Info> fyjtInfos = infoService.findFyjtInfos();
        request.setAttribute("fyzxInfos", fyzxInfos);
        request.setAttribute("xsjlInfos", xsjlInfos);
        // request.setAttribute("xsjlInfo", xsjlInfo);
        request.setAttribute("fyjjInfos", fyjjInfos);
        request.setAttribute("hzptInfos", hzptInfos);
        request.setAttribute("fycrInfos", fycrInfos);
        request.setAttribute("fyjtInfos", fyjtInfos);
        return "findInfos";
    }
    private int currentPage = 1;
    private int pageSize = 2;
    private int category_id;
    private PageBean<Info> pb;
//通过新闻种类id查找新闻的action
@Action(value = "findInfosByCategory_id", results = { @Result(name = "findInfosByCategory_id", location = "/infolist.jsp") })
    public String findInfosByCategory_id() {
pb = infoService.findInfosByCategory_id(currentPage, pageSize, category_id);
        this.setPb(pb);
Category category = categoryService.findCategoryByCategory_id(this.category_id);
        ActionContext.getContext().put("category", category);
        HttpServletResponse response = ServletActionContext.getResponse();
        response.setContentType("text/html;charset=UTF-8");
        return "findInfosByCategory_id";
    }
    @Action(value = "/admin/findInfosByPage", results = {
@Result(name = "findInfosByPage", location = "/admin/info/list.jsp") })
    public String findInfosByPage() {
        if (keywords != null) {
            keywords = keywords.trim();
        }
        pb = infoService.findInfosByPage(currentPage, pageSize, keywords);
        this.setPb(pb);
        return "findInfosByPage";
    }
//添加新闻的action
@Action(value = "/admin/addInfo", results = {
@Result(name = "success", location = "/admin/findInfosByPage", type = "redirect") })
    public String addInfo() {
        Date d = new Date();
        info.setInfo_publishTime(d);
        try {
            infoService.addInfo(info);
        } catch (Exception e) {
            e.printStackTrace();
        }
        return "success";
    }
//删除新闻的action
@Action(value = "/admin/delInfo", results = {
```

```java
        @Result(name = "success", location = "/admin/findInfosByPage", type = "redirect") })
    public String delInfo() {
        try {
            infoService.delInfo(info);
        } catch (Exception e) {
            e.printStackTrace();
        }
        return "success";
    }
    //编辑新闻的 action
    @Action(value = "/admin/editInfo", results = { @Result(name = "editInfo", location = "/admin/info/edit.jsp") })
    public String editInfo() {
        info = infoService.findInfoByInfo_id(info.getInfo_id());
        this.setInfo(info);
        this.setCategorylist(categoryService.findAllCategory());
        return "editInfo";
    }
    //通过新闻 id 查找新闻的 action
    @Action(value = "findInfoByInfo_id", results = { @Result(name = "findInfoByInfo_id", location = "/detail.jsp"),
        @Result(name = "error", location = "/error.jsp") })
    public String findInfoByInfo_id() {
        info = infoService.findInfoByInfo_id(info.getInfo_id());
        ActionContext.getContext().getValueStack().push(info);
Category category = categoryService.findCategoryByCategory_id(info.getCategory().getCategory_id());
        ActionContext.getContext().put("category", category);
        HttpServletResponse response = ServletActionContext.getResponse();
        response.setContentType("text/html;charset=UTF-8");
        return "findInfoByInfo_id";
    }
    @Action(value = "/admin/updateInfo", results = {
    @Result(name = "updateInfo", location = "/admin/findInfosByPage", type = "redirect") })
    public String updateInfo() {
        Date d = new Date();
        info.setInfo_publishTime(d);
        try {
            infoService.updateInfo(info);
        } catch (Exception e) {
            e.printStackTrace();
        }
        return "updateInfo";
    }
    @Override
    public Info getModel() {
        return info;
    }
}
```

添加新闻时可以添加图片,图片文件的上传操作不同于普通文本信息,所以创建一个 FileAction 类,此类用于新闻图片的上传,实现后台接收到新闻图片之后再返回图片名给前端页面。

【示例代码 11.33】 文件上传 Action 层。

源文件名称：FileAction.java

```java
@ParentPackage("json-default")
@Namespace("/")
@Controller("fileAction")
@Scope("prototype")
public class FileAction extends ActionSupport {
    private File file;                           // 文件
    private String fileFileName;                 // 文件名
    private String filePath;                     // 文件路径
    private String downloadFilePath;             // 文件下载路径
    private InputStream inputStream;
//上传新闻图片的 action
@Action(value = "fileUploadAction", results = { @Result(name = "success", type = "json") },
params = {"contentType","text/html" })
    public String fileUpload() throws IOException {
String path = ServletActionContext.getServletContext().getRealPath("/attached");
downloadFilePath = UUID.randomUUID().toString() + fileFileName.substring(fileFileName.indexOf("."));
        String fileName = path + "\\" + downloadFilePath;
        File localFile = new File(fileName);
        FileCopyUtils.copy(file, localFile);
        return "success";
    }
}
```

5. 编写页面

新闻模块中的页面包括添加新闻、修改新闻页面和显示新闻列表页面。

【示例代码 11.34】 添加新闻页面。

源文件名称：/WebContent/admin/info/add.jsp

```jsp
        //添加新闻的 form 表单
        <form action="${path}admin/addInfo" name="ff" method="post"
            onsubmit="return checkValue()">...</form>
```

【示例代码 11.35】 修改新闻页面。

源文件名称：/WebContent/admin/info/edit.jsp

```jsp
        //修改新闻的 form 表单
        <form action="${path}admin/updateInfo" name="ff" method="post"
            onsubmit="return checkValue()">...</form>
        </div>
```

【示例代码 11.36】 新闻列表页面。

源文件名称：/WebContent/admin/info/list.jsp

```jsp
        //新闻列表的 form 表单
        <form action="${path}admin/findInfosByPage" id="infoListForm"
            name="ff" method="post">...</form>
```

```
                //用ognl表达式展示数据
                <table style="width:100%;" class="tablelist">
                    <tbody>
                        <c:if test="${!empty pb.list}">
                            <s:iterator value="pb.list" id="info">
                                <tr>
                                    <td><s:property value="#info.info_id" /></td>
                                    <td><s:property value="#info.info_title" /></td>
                                    <td><s:property value="#info.info_sort" /></td>
                                    <td>
                                        <s:if test="#info.info_publishStatus == 1">是
                                        </s:if>
                                        <s:else>
                                            否
                                        </s:else>
                                    </td>
                                    <td>
                                        <s:date name="#info.info_publishTime" format="yyyy-MM-dd HH:mm:ss" />
                                    </td>
                                    <td><s:property value="#info.category.category_name" /></td>
                                    <td>
                                        <a href='${path}admin/editInfo.action?info_id=<s:property value="#info.info_id"/>'>更新</a>
                                         | 
                                        <a href='#' onclick="del(<s:property value="#info.info_id"/>)">删除</a>
                                    </td>
                                </tr>
                            </s:iterator>
```

11.4.3 用户管理模块

本模块用于使用管理员身份进行登录、注销操作。

1. 创建实体类

在项目的 org.pxxy.entity 包中创建用户实体类 User 用于映射用户表 user。

【示例代码 11.37】 用户实体类。

源文件名称：User.java

```
@Entity
@Table(name="user")
public class User {
    @Id
    private String user_name;
    private String user_password;
    @Override
```

```java
    public String toString() {
        return "User [user_name=" + user_name + ", user_password=" + user_password + "]";
    }
}
```

2. DAO 层开发

在项目的 org.pxxy.dao 包中创建用户模块接口 UserDao,实现用户登录功能。

【示例代码 11.38】 用户模块 DAO 层接口。

源文件名称:UserDao.java

```java
package org.pxxy.dao;
import org.pxxy.entity.User;
public interface UserDao {
    User login(User user);
}
```

在项目的 org.pxxy.dao.impl 包中创建 UserDaoImpl 类用于实现 UserDao 接口。

【示例代码 11.39】 用户模块 DAO 层实现类。

源文件名称:UserDaoImpl.java

```java
@Repository("userDao")
public class UserDaoImpl implements UserDao {
    @Autowired
    private HibernateTemplate hibernateTemplate;
    //DAO 层从数据库提取用户信息的方法
    @Override
    public User login(User user) {
        return hibernateTemplate.get(User.class, user.getUser_name());
    }
}
```

3. Service 层开发

在项目的 org.pxxy.service 包中创建 UserService 接口,定义登录方法。

【示例代码 11.40】 用户模块 Service 层接口。

源文件名称:UserService.java

```java
package org.pxxy.service;
import org.pxxy.entity.User;
public interface UserService {
    User login(User user);
}
```

在项目的 org.pxxy.service.impl 包中创建 UserServiceImpl 类实现 UserService 接口。

【示例代码 11.41】 用户模块 Service 层实现类。

源文件名称:UserServiceImpl.java

```java
@Service("userService")
```

```java
@Transactional
public class UserServiceImpl implements UserService {
    @Autowired
    private UserDao userDao;
    //用户登录的 service
    @Override
    public User login(User user) {
        return userDao.login(user);
    }
}
```

4. Action 层开发

在项目的 org.pxxy.web.action 包中创建 UserAction 类实现管理员用户的登录和注销操作。

【示例代码 11.42】 用户模块 Action 层。

源文件名称：UserAction.java

```java
@ParentPackage("struts-default")
@Namespace("/")
@Controller("userAction")
@Scope("prototype")
public class UserAction extends ActionSupport implements ModelDriven<User>{
    private User user = new User();
    @Autowired
    private UserService userService;
    //用户登陆的 action
    @Action(value="login", results={@Result(name="success", location="/admin/main.jsp"),
    @Result(name="fail", location="/login.jsp")})
    public String login(){
        String page = "fail";
        User user = null;
        user = userService.login(this.getModel());
        if (user != null) {
                if(user.getUser_password().endsWith(this.user.getUser_password())) {
                page = "success";
                HttpServletRequest request = ServletActionContext.getRequest();
                HttpSession session = request.getSession();
                if (session.getAttribute("user_name") != null) {
                    session.removeAttribute("user_name");
                }
                session.setAttribute("user_name", user.getUser_name());
            } else {
                HttpServletRequest request = ServletActionContext.getRequest();
                request.setAttribute("msg", "用户名或密码错误!");
            }
        }else{
            HttpServletRequest request = ServletActionContext.getRequest();
            request.setAttribute("msg", "用户名或密码错误!");
        }
```

```java
            return page;
        }
        //退出登录的action
        @Action(value="logout")
        public String logout(){
            HttpServletRequest request = ServletActionContext.getRequest();
            HttpSession session = request.getSession();
            if (session.getAttribute("user_name") != null) {
                session.removeAttribute("user_name");
            }
            HttpServletResponse response = (HttpServletResponse)
            ServletActionContext.getResponse();
            PrintWriter out=null;
            try {
                out = response.getWriter();
            } catch (IOException e) {
                e.printStackTrace();
            }
            out.print("<script language=javascript>");
            out.print("top.location.href='"+request.getContextPath()+"/login.jsp'");
            out.print("</script>");
            return null;
        }
        @Override
        public User getModel() {
            return user;
        }
}
```

如果用户输入的用户名和密码都正确，就跳转到主页面，否则就显示用户名或密码错误，仍然显示登录页。登录以后，如果单击注销，则跳转到用户登录页等待用户重新登录。

本章小结

（1）Spring 是分层的全方位应用程序框架，以 IoC 和 AOP 为内核，使用基本的 JavaBean 完成相应的工作。

（2）Spring 的核心机制是依赖注入，通常有属性设值注入和构造注入两种方式。

参 考 文 献

[1] 杨文.Java Web 开发系统项目教程[M].北京:人民邮电出版社,2019.
[2] 明日科技.Java Web 项目开发全程实录[M].北京:清华大学出版社,2019.
[3] 缪勇,施俊,李新锋.Java Web 轻量级框架项目化教程[M].北京:清华大学出版社,2017.
[4] 传智播客高教产品研发部.SSH 框架整合实战教程[M].北京:清华大学出版社,2016.
[5] 耿祥义,张跃平.JSP 实用教程[M].北京:清华大学出版社,2015.
[6] 党建.Web 前端开发最佳实践[M].北京:机械工业出版社,2016.

图 书 资 源 支 持

感谢您一直以来对清华版图书的支持和爱护。为了配合本书的使用,本书提供配套的资源,有需求的读者请扫描下方的"书圈"微信公众号二维码,在图书专区下载,也可以拨打电话或发送电子邮件咨询。

如果您在使用本书的过程中遇到了什么问题,或者有相关图书出版计划,也请您发邮件告诉我们,以便我们更好地为您服务。

我们的联系方式:

地　　址:北京市海淀区双清路学研大厦 A 座 714

邮　　编:100084

电　　话:010-83470236　　010-83470237

客服邮箱:2301891038@qq.com

QQ:2301891038(请写明您的单位和姓名)

资源下载: 关注公众号"书圈"下载配套资源。

书圈

获取最新书目

观看课程直播